ISSN 0021-1915

15. JAHRGANG · SEITEN 29—76 · BERLIN FEBRUAR/MÄRZ 1979

IPRAX 15 15 (2/3) 29—76 (1979) 32036

2/3

isotopenpraxis

EVP 18,— M

AKADEMIE-VERLAG

An unsere Autoren

Die Zeitschrift veröffentlicht Beiträge zu folgenden Themen: Kontrolle und Analyse radioaktiver und stabiler Isotope, Anwendung radioaktiver und stabiler Isotope in allen Gebieten der Forschung und Technik, der Industrie, Landwirtschaft und Medizin, Herstellung radioaktiver und stabiler Isotope sowie von markierten Verbindungen, kernelektronische Geräte für die Isotopenanwendung (Dickenmesser, Dichtemesser u. ä.) Detektoren für isotopentechnische Arbeiten und den Strahlenschutz in Isotopenlaboratorien, Meßtechnik und Strahlenschutz, Dosimetrie in Isotopenlaboratorien, kerntechnische Geräte für die Isotopenanwendung (Betron, Bestrahlungsanlagen u. ä.), Strahlenchemie, Radiochemie, ökonomische und perspektivische Fragen, Fragen der Weiterbildung.

1. Aufnahme von Manuskripten

Zur Veröffentlichung angenommen werden nur druckreife, noch nicht anderweitig publizierte Beiträge in deutscher, englischer oder russischer Sprache zum Themenbereich der Zeitschrift und zwar

- Originalarbeiten
- Kurze Originalmitteilungen
- Aus der Praxis
- Zusammenfassende Berichte
- Tagungsberichte
- Informationen.

Sind der Beitrag oder Teile daraus bereits veröffentlicht oder ist eine anderweitige Veröffentlichung vorgesehen, so muß dies der Redaktion mit genauer Angabe der Zweitveröffentlichung mitgeteilt werden. Mit der Annahme des Manuskriptes behält sich der Verlag das Recht der Vervielfältigung, Verbreitung und Übersetzung innerhalb der gesetzlichen Schutzfrist vor. Auszugsweiser Nachdruck oder photomechanische u. a. Wiedergabe sind an eine schriftliche Genehmigung des Verlages gebunden. Manuskripte, Zeichnungen und Photos von veröffentlichten Arbeiten werden nur auf den besonderen und bis zum Zeitpunkt der Veröffentlichung mitgeteilten Wunsch des Autors zurückgesandt.

Bei der unverlangten Einreichung von Manuskripten wird empfohlen, eine Befürwortung eines der Herausgeber oder Redaktionsausschußmitglieder beizufügen.

Manuskripte sind einzureichen bei der Redaktion, DDR-108 Berlin, Leipziger Str. 3–4.

2. Form der Manuskripte

Die Autoren werden gebeten:

2 Manuskripte, eines davon in Original-Maschinenschrift, einseitig und mit 2zeiligem Abstand einzureichen; gut leserliche Photokopien sind zulässig; auf dem 1. Blatt (unter Weglassung der Bezeichnung)

den Titel der Arbeit
Vorname-Initialen und Namen sämtlicher Autoren
gegebenenfalls die Institution, in der sie tätig sind
eine kurze Zusammenfassung der Arbeit von höchstens 15 Zeilen
Keywords in alphabetischer Reihenfolge und
als Fußnote die Anschrift der Institution anzugeben;

wenn möglich auf gesonderten Blättern Namen, Titel der Arbeit und Zusammenfassung in den beiden anderen obengenannten Sprachen 2fach beizufügen;

Literaturhinweise (fortlaufend numeriert), Fußnoten, Tabellen, Abbildungen (in etwa 2facher Veröffentlichungsgröße), Abbildungsunterschriften (getrennt von den Abbildungen, mit Zeichenerklärungen, Quellenangaben, falls erforderlich, und gegebenenfalls mit einem Vermerk für besondere Wünsche bezüglich der Abbildungsgröße), private und Dienstanschrift der Verfasser mit akademischen Titeln und ausgeschriebenen Vornamen auf besonderen Blättern ans Ende des Manuskriptes zu stellen;

Wünsche für den Kolumnentitel (Seitenüberschrift) bekanntzugeben;
Absätze durch Einzüge von mindestens 3 Anschlägen kenntlich zu machen;
die Maßeinheiten des SI-Systems ("Systéme International") zu verwenden;
Korrekturen im Manuskript unmittelbar an der zu korrigierenden Stelle anzubringen;
Formeln deutlich lesbar und möglichst groß einzutragen;
Farbabbildungen und nachträgliche Änderungen oder Ergänzungen in Abbildungen zu vermeiden;
hervorzuhebende Textstellen zu unterstreichen, und zwar halbfetten Satz mit einer geraden schwarzen Linie, kursiven Satz (Sschrägschrift) mit einer blauen Wellenlinie (alle Eigennamen). Sperrungen gestrichelt;
besondere Buchstaben durch farbige Unterstreichung zu kennzeichnen, und zwar Formelzeichen in

Griechisch-Kursiv (α, β, ...) rot,
Kursiv (*A*, *B*, ...) blau
halbfetter Kursiv (***A***, ***B***, ...) 2 Linien blau (Vektoren),
halbfetter Grotesk (**A**, **B**, ...) 2 Linien violett (Tensoren);

bei Literaturangaben auf Vollständigkeit zu achten. In nachstehender Reihenfolge müssen angegeben sein:

a) bei *Zeitschriften*: Vorname-Initialen und Namen sämtlicher Autoren, Titel der Zeitschrift (nach „Periodica Chimica" oder möglichst wenig gekürzt), Bandnummer (unterstrichen), Jahreszahl (im Klammern), Heftnummer (nur bei Zeitschriften, die jedes Heft mit S. 1 beginnen) sowie die Seitenzahl, auf der die zitierte Arbeit beginnt.

b) bei *Büchern*: Initialen der Vornamen und Name des Autors (Herausgeber werden durch den Zusatz „ed." gekennzeichnet), voll ausgeschriebener Titel des Buches in der Originalsprache, evtl. Bandnummer, voll ausgeschriebener Name des Verlages, Nummer der Auflage (außer der ersten), Erscheinungsort(e), Erscheinungsjahr (hier nicht in Klammern setzen!) und evtl. Kapitelnummer, Seitenzahl u. ä.

c) bei *Sammelbänden, Tagungsberichten*: Es soll zusätzlich der Titel des zitierten Beitrags angegeben werden. Die Seitenzahl muß unbedingt angegeben werden. Aus dem Zitat muß hervorgehen, ob es sich um einen Tagungssammelband oder um einen noch nicht veröffentlichten Vortrag handelt. Zwischen Tagungsort und Erscheinungsort des entsprechenden Tagungsberichts ist zu unterscheiden.

3. Korrekturen

Der Autor erhält zwei Umbruchabzüge, von denen einer möglichst schnell korrigiert an die Redaktion zurückgereicht werden soll. Auf Wunsch des Autors kann die Korrektur uach von der Redaktion gelesen werden.

Durch nachträgliche Manuskriptänderungen verursachte Korrekturkosten gehen, sofern sie 10% der Satzkosten übersteigen zu Lasten des Autors.

Der Autor erhält 50 Sonderdrucke kostenlos. Weitere Sonderdrucke können bis zur Rückgabe der Korrekturabzüge auf Kosten des Autors bei der Redaktion bestellt werden.

Bezugsmöglichkeiten

Bestellungen sind zu richten

- **in der DDR** an den Postzeitungsvertrieb; an eine Buchhandlung oder an den AKADEMIE-VERLAG, DDR-108 Berlin, Leipziger Straße 3–4
- **im sozialistischen Ausland** an eine Buchhandlung für fremdsprachige Literatur oder an den zuständigen Postzeitungsvertrieb
- **in der BRD und Westberlin** an eine Buchhandlung oder an die Auslieferungsstelle KUNST UND WISSEN, Erich Bieber, 7 Stuttgart 1, Wilhelmstraße 4–6
- **in Österreich** an den Globus-Buchvertrieb, 1201 Wien, Höchstädtplatz 3
- **in den übrigen westeuropäischen Ländern** an eine Buchhandlung oder an die Auslieferungsstelle KUNST UND WISSEN, Erich Bieber GmbH, CH-8008 Zürich/Schweiz, Dufourstraße 51
- **im übrigen Ausland** an den Internationalen Buch- und Zeitschriftenhandel; den Buchexport, Volkseigener Außenhandelsbetrieb der Deutschen Demokratischen Republik, DDR-701 Leipzig, Postfach 160, oder an den AKADEMIE-VERLAG, DDR-108 Berlin, Leipziger Straße 3–4

Zeitschrift „Isotopenpraxis"

Herausgeber: Im Auftrag des Akademie-Verlages herausgegeben von Prof. Dr. Justus Mühlenpfordt und Prof. Dr. Carl Friedrich Weiss

Verlag: Akademie-Verlag, DDR-108 Berlin, Leipziger Straße 3–4; Fernruf 2 23 62 21 oder 2 23 62 29; Telex-Nr. 114 420;

Bank: Staatsbank der DDR, Berlin, Kto.-Nr.: 6836-26-20712

Chefredakteur: Dr. Klaus Uhlig, Berlin

Anschrift der Redaktion (Fernruf: 6 3 5 11 77) der Zeitschrift Isotopenpraxis: Akademie-Verlag, DDR-108 Berlin, Leipziger Str. 3–4

Veröffentlicht unter der Lizenznummer 1527 des Presseamtes beim Vorsitzenden des Ministerrates der Deutschen Demokratischen Republik

Gesamtherstellung: VEB Druckerei „Thomas Müntzer", DDR-582 Bad Langensalza

Erscheinungsweise: Die Zeitschrift „Isotopenpraxis" escheint monatlich. Die 12 Hefte eines Jahrganges bilden einen Band. Bezugspreis je Band 144,– M zuzüglich Versandspesen (Preis für die DDR 108,–M), Preis je Heft 12,– (Preis für die DDR 9,– M)

Bestellnummer dieses Heftes: 1079/15/2–3

AN (EDV) 12831

ISOTOPENPRAXIS ISSN 0021-1915

Band 15 (1979) Heft 2/3, S. 29–76

Redaktion und Verlag: Akademie-Verlag, Redaktion Isotopenpraxis, 108 Berlin, Leipziger Straße 3–4

Inhaltsverzeichnis

(Fortsetzung des Inhaltsverzeichnisses auf der Rückseite des 2. gelben Blattes)

ISOTOPENPRAXIS

Band 15 (1979) Heft 2/3, S. 29–76

Redaktion und Verlag: Akademie-Verlag, Redaktion Isotopenpraxis, 108 Berlin, Leipziger Straße 3–4

Contents

Articles

M. Balarin, H.-J. Heinrich

On the Distribution of the Depth Dose and Crosslinking Density in Polymers Irradiated with High-Energy Electrons

Isotopenpraxis **15** (1979) No. 2/3, p. 29 to 37
11 Fig., – Tab., 26 Ref.

Using experimentally determined depth dose distributions of high energy electrons a formula was developed for the mathematical description of the behaviour of the depth dose in the energy range between 0·5 and 3 MeV.
The formula can be used as a base for calculation of distributions of doses resp. crosslinking densities in irradiated material.
As an example for application of the formula some distributions in multi-directional irradiation of cylindrical absorbers with high-energy electrons are discussed.

H. Johansen, K. Johst

Calculation of Isotopic Effects in Specific Velocity Constants $k(E)$ for Decay Reactions

Isotopenpraxis **15** (1979) No. 2/3, p. 37 to 41
11 Fig., 1 Tab., 7 Ref.

The dissociation probability and isotopic effects of NO_2, SO_2 and CO_2 molecules are calculated as functions of the excitation energy and the angular momentum ($^{14}N/^{15}N$; $^{16}O/^{18}O$; $^{32}S/^{34}S$; $^{12}C/^{13}C$). The ratios of specific velocity constants for pairs of isotope-substituted molecules partially arrive at considerable values in dependence of the excitation energy, they show oscillatory behaviour as well as inverse isotopic effects.

A. Szabo, J. Bogantch, S. Deme, I. Meczeli, A. Nagy

Investigation of the Dependence of the Dose from the Implantation Energy (*in Russian*)

Isotopenpraxis **15** (1979) No. 2/3, p. 41 to 43
– Fig., 2 Tab., 18 Ref.

It was found out that the dose measured the electrical way during implantation was not real. The real quantity of boron implanted in the sample and determined through the nuclear reaction $^{10}B(n, \alpha)^7Li$ increases with implantation energy. Beyond 80 keV the doses measured the electrical and the nuclear-physical way practically coincide.

C. Bagger, G. Sørensen

Radioactive Ion Implantation as a Tool for Wear Measurement (*in Englisch*)

Isotopenpraxis **15** (1979) No. 2/3, p. 44 to 46
4 Fig., 2 Tab., 6 Ref.

The present paper deals with ion implantation of radioactive krypton ions in surfaces with the aim of measuring wear of different magnetic materials in sound heads.
The technique is especially suited for a relatively fast comparison of wear characteristics of materials of varying composition in small inaccessible areas.
In the present case utilisation of a 60 keV accelerator allows determination of a total wear as small as 0·05 µm with an accuracy of 10%. Further the technique yields information of the time dependence of the wear process with an accuracy less than 0·001 µm.

H.-J. Dietze

Isotope Dilution Multielement Analysis through Mass Spectrography Based on Spark Discharge Ion Sources

Isotopenpraxis **15** (1979) No. 2/3, p. 46 to 51
4 Fig., 2 Tab., 14 Ref.

Содержание

Статьи

М. Баларин, Х.-Й. Хайнрих

О распределении дозных полей и плотности сшивания по глубине при облучении полимеров электронами высокой энергии

Isotopenpraxis **15** (1979) вып. 213, стр. 29 до 37
11 рис., – табл., 26 лит.

На основе экспериментальных данных была выведена формула для математического описания распределения дозного поля по глубине для электронов с энергией 0,5–3 *МеВ*, которую можно применять для вычисления распределений дозы (дозных полей) и плотности сшивания в облучённом материале.
В качестве примеров обсуждаются некоторые распределения, полученные при многостороннем облучении цилиндрических объектов электронами высокой энергии.

Х. Иохансень, К. Иость

Расчетное определение изотопических эффектов в удельных постоянных скорости $\kappa(E)$ реакций распада

Isotopenpraxis **15** (1979) вып. 213, стр. 37 до 41
11 рис., 1 табл., 7 лит.

По молекулам NO_2, SO_2 и CO_2 расчетом определяются вероятности диссоциации и изотопические эффекты в зависимости от энергии возбуждения и момента количества движения ($^{14}N/^{15}N$; $^{16}O/^{18}O$; $^{32}S/^{34}S$; $^{12}C/^{13}C$. Отношения удельных постоянных скорости по парам изотопно-замещенных молекул в зависимости от энергии возбуждения частично принимают значительные величины, показывают осцилляторное поведение, а также обратные изотопические эффекты.

А. Сабо, Я. Боганч, Ш. Деме, И. Мезеи, А. Надь

Исследование зависимости дозы от энергии имплантации (*на русск. языке*)

Isotopenpraxis **15** (1979) вып. 213, стр. 41 до 43
– рис., 2 табл., 18 лит.

Было установлено, что доза, измеренная в процессе имплантации при помощи электрического метода, нереальна. Действительное количество бора, имплантированного в образец, которое было определено на основе ядерной реакции $^{10}B(n, \alpha)^7Li$ – увеличивается с ростом энергии имплантации. Выше энергии 80 *кэВ*, доза, определенная электрическим и ядерно-физическим методами уже практически совпадают.

Ц. Баггер, Г. Серенсен

Имплантация радиоактивных ионов как средство измерения износа (*на англ. языке*)

Isotopenpraxis **15** (1979) вып. 213, стр. 44 до 46
4 рис., 2 табл., 6 лит.

В данной работе рассматривается процесс имплантации радиоактивных ионов криптона в поверхностях с целью измерения износа различных магнитных материалов в головках звукоснимателя. Данный способ особенно пригоден для относительно быстрого сравнения износной характеристики материалов с меняющимся составом на малых недоступных предметах.
В данном случае, применение ускорителя 60 *кэв* позволяет определить общий износ не более 0,05 *µм* с точностью в 10%. Помимо этого, он дает информации о зависимости процесса износа от времени, с точностью ниже 0,001 *µм*.

Х.-И. Дитце

Основанный на изотопном разбавлении многоэлементный анализ с помощью масс- спектрографии на искроворазрядном ионном источнике

Isotopenpraxis **15** (1979) вып. 213, стр. 46 до 51
4 рис., 2 табл., 14 лит.

ISOTOPENPRAXIS

14. JAHRGANG

1978

AKADEMIE-VERLAG

An unsere Autoren

Die Zeitschrift veröffentlicht Beiträge zu folgenden Themen: Kontrolle und Analyse radioaktiver und stabiler Isotope, Anwendung radioaktiver und stabiler Isotope in allen Gebieten der Forschung und Technik, der Industrie, Landwirtschaft und Medizin, Herstellung radioaktiver und stabiler Isotope sowie von markierten Verbindungen, kernelektronische Geräte für die Isotopenanwendung (Dickenmesser, Dichtemesser u. ä.) Detektoren für isotopentechnische Arbeiten und den Strahlenschutz in Isotopenlaboratorien, Meßtechnik und Strahlenschutz, Dosimetrie in Isotopenlaboratorien, kerntechnische Geräte für die Isotopenanwendung (Betatron, Bestrahlungsanlagen u. ä.), Strahlenchemie, Radiochemie, ökonomische und perspektivische Fragen, Fragen der Weiterbildung.

1. Aufnahme von Manuskripten

Zur Veröffentlichung angenommen werden nur druckreife, noch nicht anderweitig publizierte Beiträge in deutscher, englischer oder russischer Sprache zum Themenbereich der Zeitschrift und zwar

Originalarbeiten
Kurze Originalmitteilungen
Aus der Praxis
Zusammenfassende Berichte
Tagungsberichte
Informationen.

Sind der Beitrag oder Teile daraus bereits veröffentlicht oder ist eine anderweitige Veröffentlichung vorgesehen, so muß dies der Redaktion mit genauer Angabe der Zweitveröffentlichung mitgeteilt werden. Mit der Annahme des Manuskriptes behält sich der Verlag das Recht der Vervielfältigung, Verbreitung und Übersetzung innerhalb der gesetzlichen Schutzfrist vor. Auszugsweiser Nachdruck oder photomechanische u. a. Wiedergabe sind an eine schriftliche Genehmigung des Verlages gebunden. Manuskripte, Zeichnungen und Photos von veröffentlichten Arbeiten werden nur auf den besonderen und bis zum Zeitpunkt der Veröffentlichung mitgeteilten Wunsch des Autors zurückgesandt.
Bei der unverlangten Einreichung von Manuskripten wird empfohlen, eine Befürwortung eines der Herausgeber oder Redaktionsausschußmitglieder beizufügen.
Manuskripte sind einzureichen bei der Redaktion, 108 Berlin, Leipziger Str. 3–4.

2. Form der Manuskripte

Die Autoren werden gebeten:
2 Manuskripte, eines davon in Original-Maschinenschrift, einseitig und mit 2zeiligem Abstand einzureichen; gut leserliche Photokopien sind zulässig; auf dem 1. Blatt (unter Weglassung der Bezeichnung)

den Titel der Arbeit
Vorname-Initialen und Namen sämtlicher Autoren
gegebenenfalls die Institution, in der sie tätig sind
eine kurze Zusammenfassung der Arbeit von höchstens 15 Zeilen
Keywords in alphabetischer Reihenfolge und
als Fußnote die Anschrift der Institution anzugeben;

wenn möglich, auf gesonderten Blättern Namen, Titel der Arbeit und Zusammenfassung in den beiden anderen obengenannten Sprachen 2fach beizufügen;
Literaturhinweise (fortlaufend numeriert), Fußnoten, Tabellen, Abbildungen (in etwa 2facher Veröffentlichungsgröße), Abbildungsunterschriften (getrennt von den Abbildungen, mit Zeichenerklärungen, Quellenangaben, falls erforderlich, und gegebenenfalls mit einem Vermerk für besondere Wünsche bezüglich der Abbildungsgröße), private und Dienstanschrift der Verfasser mit akademischen Titeln und ausgeschriebenen Vornamen auf besonderen Blättern ans Ende des Manuskriptes zu stellen;
Wünsche für den Kolumnentitel (Seitenüberschrift) bekanntzugeben;
Absätze durch Einzüge von mindestens 3 Anschlägen kenntlich zu machen;
die Maßeinheiten des SI-Systems ("Systeme International") zu verwenden;
Korrekturen im Manuskript unmittelbar an der zu korrigierenden Stelle anzubringen;

Formeln deutlich lesbar und möglichst groß einzutragen;

Farbabbildungen und nachträgliche Änderungen oder Ergänzungen in Abbildungen zu vermeiden;

hervorzuhebende Textstellen zu unterstreichen, und zwar halbfetten Satz mit einer geraden schwarzen Linie, kursiven Satz (Schrägschrift) mit einer blauen Wellenlinie (alle Eigennamen). Sperrungen gestrichelt;
besondere Buchstaben durch farbige Unterstreichung zu kennzeichnen, und zwar Formelzeichen in

Griechisch-Kursiv (α, β, ...) rot,
Kursiv (A, B, ...) blau
halbfetter Kursiv ($\boldsymbol{A}$, $\boldsymbol{B}$, ...) 2 Linien blau (Vektoren),
halbfetter Grotesk ($\mathbf{A}$, $\mathbf{B}$, ...) 2 Linien violett (Tensoren);

bei Literaturangaben auf Vollständigkeit zu achten. In nachstehender Reihenfolge müssen angegeben sein:

a) bei *Zeitschriften*: Vorname-Initialen und Namen sämtlicher Autoren, Titel der Zeitschrift (nach „Periodica Chimica" oder möglichst wenig gekürzt), Bandnummer (unterstrichen), Jahreszahl (in Klammern), Heftnummer (nur bei Zeitschriften, die jedes Heft mit S. 1 beginnen) sowie die Seitenzahl, auf der die zitierte Arbeit beginnt.

b) bei *Büchern*: Initialen der Vornamen und Name des Autors (Herausgeber werden durch den Zusatz „ed." gekennzeichnet), voll ausgeschriebener Titel des Buches in der Originalsprache, evtl. Bandnummer, voll ausgeschriebener Name des Verlages, Nummer der Auflage (außer der ersten), Erscheinungsort(e), Erscheinungsjahr (hier nicht in Klammern setzen!) und evtl. Kapitelnummer, Seitenzahl u. ä.

c) bei *Sammelbänden, Tagungsberichten*: Es soll zusätzlich der Titel des zitierten Beitrags angegeben werden. Die Seitenzahl muß unbedingt angegeben werden. Aus dem Zitat muß hervorgehen, ob es sich um einen Tagungssammelband oder um einen noch nicht veröffentlichten Vortrag handelt. Zwischen Tagungsort und Erscheinungsort des entsprechenden Tagungsberichts ist zu unterscheiden.

3. Korrekturen

Der Autor erhält zwei Umbruchabzüge, von denen einer möglichst schnell korrigiert an die Redaktion zurückgereicht werden soll. Auf Wunsch des Autors kann die Korrektur auch von der Redaktion gelesen werden.

Durch nachträgliche Manuskriptänderungen verursachte Korrekturkosten gehen, sofern sie 10% der Satzkosten übersteigen, zu Lasten des Autors.

Der Autor erhält 50 Sonderdrucke kostenlos. Weitere Sonderdrucke können bis zur Rückgabe der Korrekturabzüge auf Kosten des Autors bei der Redaktion bestellt werden.

Bezugsmöglichkeiten

Bestellungen sind zu richten

- **in der DDR** an den Postzeitungsvertrieb; an eine Buchhandlung oder an den Akademie-Verlag, DDR-108 Berlin, Leipziger Straße 3–4
- **im sozialistischen Ausland** an eine Buchhandlung für fremdsprachige Literatur oder an den zuständigen Postzeitungsvertrieb
- **in der BRD und Westberlin** an eine Buchhandlung oder an die Auslieferungsstelle KUNST UND WISSEN, Erich Bieber, 7 Stuttgart 1, Wilhelmstraße 4–6
- **in Österreich** an den Globus-Buchvertrieb, 1201 Wien, Höchstädtplatz 3
- **im übrigen Ausland** an den Internationalen Buch- und Zeitschriftenhandel; den Buchexport, Volkseigener Außenhandelsbetrieb der Deutschen Demokratischen Republik, DDR-701 Leipzig, Postfach 160, oder an den Akademie-Verlag, DDR-108 Berlin, Leipziger Straße 3–4

Zeitschrift „Isotopenpraxis"

Herausgeber: Im Auftrag des Akademie-Verlages herausgegeben von Prof. Dr. Justus Mühlenpfordt und Prof. Dr. Carl Friedrich Weiss

Verlag: Akademie-Verlag, DDR-108 Berlin, Leipziger Straße 3–4; Fernruf 2236229 oder 2236221; Telex-Nr. 114420;
Bank: Staatsbank der DDR, Berlin, Kto.-Nr.: 6836-26-20712

Chefredakteur: Dr. Klaus Uhlig, Berlin

Anschrift der Redaktion (Fernruf: 6351177) der Zeitschrift Isotopenpraxis: Akademie-Verlag, DDR-108 Berlin, Leipziger Str. 3–4

Veröffentlicht unter der Lizenznummer 1527 des Presseamtes beim Vorsitzenden des Ministerrates der Deutschen Demokratischen Republik

Gesamtherstellung: VEB Druckerei „Thomas Müntzer", DDR-582 Bad Langensalza

Erscheinungsweise: Die Zeitschrift „Isotopenpraxis" erscheint monatlich. Die 12 Hefte eines Jahrganges bilden einen Band. Bezugspreis je Band 144,– M zuzüglich Versandspesen (Preis für die DDR 108,– M), Preis je Heft 12,– (Preis für die DDR 9,– M)

Bestellnummer dieses Bandes: 1079/14

AN (EDV) 12831

Autoren- und Inhaltsverzeichnis

* = zusammenfassender Bericht bzw. Fortschrittsbericht

T

U

V

W

Z

Sachverzeichnis (nach INIS Descriptors)

R

Y

Z

Zur Tiefendosis- und Vernetzungsgradverteilung bei Bestrahlung von Polymeren mit energiereichen Elektronen

M. Balarin), H.-J. Heinrich**)*

(Akademie der Wissenschaften der DDR: *) Forschungsbereich Physik, Kern- und Werkstoffwissenschaften; **) Zentralinstitut für Festkörperphysik und Werkstofforschung)[1])

Aus experimentell ermittelten Tiefendosisverteilungen von energiereichen Elektronen wurde eine Formel zur mathematischen Beschreibung des Tiefendosisverlaufs im Energiebereich 0,5—3 MeV entwickelt, die als Grundlage zur Berechnung von Dosis- und Vernetzungsgradverteilungen im bestrahlten Material dienen kann.
Als Beispiel werden einige Verteilungen diskutiert, die sich bei Mehrseitenbestrahlung von zylindrischen Absorbern mit energiereichen Elektronen ergeben.

(D 23) INIS DESCRIPTORS:

cross-linking; cylinders; depth dose distributions; electron beams; electron dosimetry; Gauss function; irradiation procedures; isodose curves; keV range 100—1000; mathematical models; MeV range 01—100; polyethylenes

1. Einleitung

Die Bestrahlung mit energiereichen Elektronen wird u. a. angewandt, um strahlenchemische, physikalische oder biologische Veränderungen in einem zu modifizierenden Stoff zu bewirken. Diese Wirkungen sind dabei in der Tiefe des bestrahlten Materials nicht mehr homogen verteilt, sondern sie zeigen einen charakteristischen Verlauf.

Die begrenzte Elektronenreichweite R_{max} und die *inhomogene Dosisverteilung* in der Tiefe des bestrahlten Materials hat Konsequenzen bezüglich der praktischen Bestrahlungsdurchführung. Für eine bestimmte zu bestrahlende Materialdicke muß unter Berücksichtigung der Absorberdichte und der benutzten Bestrahlungstechnologie eine optimale Elektronenenergie gefordert werden. Beispielsweise kann bei Einseitenbestrahlung von plattenförmigen Absorbern die Tiefendosisverteilung nur bis etwa $2/3\ R_{max}$ ausgenutzt werden, um die Dosisschwankung in vertretbaren Grenzen zu halten, wobei hier als Kriterium gilt, daß die Dosis an keinem Ort kleiner als deren Oberflächenwert wird. Bei Zweiseitenbestrahlung von plattenförmigem Material kann die Absorberdicke einen Wert von ca. $1{,}5\ R_{max}$ besitzen [1, 2].

Bei technischen Bestrahlungsverfahren, z. B. der Strahlungsvernetzung von kompakten Polyäthylenprodukten, reicht eine Einseiten- bzw. Zweiseitenbestrahlung oft nicht aus, um das Polyäthylen in dem erforderlichen Maß homogen zu vernetzen. Deshalb werden *Mehrseitenbestrahlungstechnologien* benutzt, bei denen durch definierte Drehung des Materials bzw. durch gleichzeitige Bestrahlung aus verschiedenen Richtungen (bei Anlagen mit mehreren Strahlscannern) nacheinander verschiedene Bereiche des Bestrahlungsobjektes modifiziert werden. Solche Mehrseitenbestrahlungstechnologien kommen auch bei der *Strahlungsvernetzung* der Polyäthylen-Isolation von Starkstrom-Mittelspannungskabeln zur Anwendung [2—5].

Zur Abschätzung der günstigsten Varianten und zur Bestimmung der entsprechenden Bestrahlungsparameter ist es dabei notwendig, die durch die Überlagerung der einzelnen Teilkomponenten entstehenden Dosisverteilungen über dem Absorberquerschnitt zu ermitteln, wobei in Abhängigkeit von Absorbergeometrie und Elektronenenergie unterschiedliche bestrahlungstechnologische Varianten in Betracht kommen.

Eine Grundvoraussetzung für eine effektive Ermittlung dieser Verteilungen bei den unterschiedlichsten Parametervariationen, z. B. mit Hilfe von Rechenprogrammen, bildet die mathematische Beschreibung des Tiefendosisverlaufes in Richtung der eindringenden Elektronen.

Das Ziel der in diesem Bericht dargelegten Ergebnisse ist deshalb die *mathematische Nachbildung der Tiefendosisverteilung* von Elektronen im Energiebereich 0,5—3,0 MeV und daraus folgend die Ermittlung von Tiefendosisüberlagerungen bei Mehrfachbestrahlung mittels entsprechender Rechenprogramme. Im Vordergrund dieses Beitrages sollen zunächst die Betrachtung des eindimensionalen Falles sowie einfache Anwendungen stehen.

2. Experimentell ermittelte Tiefendosisverteilungen in Richtung der eindringenden Elektronen

Die experimentelle Bestimmung der Tiefendosisverteilungen in Richtung der eindringenden Elektronen erfolgte mit Hilfe von 4 Meßmethoden

- aus dem kalorimetrisch ermittelten Strahlleistungsabfall hinter Polyäthylenabsorbern,
- durch Messung der Änderung der optischen Durchlässigkeit von blauem Zellophan,
- aus den Vernetzungsgradverteilungen in bestrahltem Polyäthylen,
- mit Hilfe eines Farbstoff-Festkörperdosimeters auf Polystyrol-Basis.

Bei der *kalorimetrischen* Messung des Strahlleistungsabfalls hinter Absorbern bestimmt man die Transmission der Elektronenstrahlung. Der im Material vor dem Kalorimeter absorbierte Anteil wird erhalten, indem die Differenz aus der Strahlleistung ohne Absorber und der bei unterschiedlichen Absorberdicken ermittelten Strahlleistung gebildet wird. Hierbei ist noch der Bremsstrahlungsanteil zu subtrahieren. Der Verlauf der Tiefendosis selbst kann durch Differentiation der im Absorber verbleibenden Strahlleistung nach der Absorberdicke gewonnen werden.

Besonders gut geeignet zur Tiefendosisbestimmung sind *Zellophan-Dosimeterfolien*, bei denen bekanntlich durch eine irreversible Zerstörung des im Zellophan eingelagerten Farbstoffes eine dosisabhängige Verringerung der optischen Absorption beobachtet wird. Das zur Messung benutzte blaue Zellophan hat sein Hauptabsorptions-Maximum bei 655 nm, sein Meßbereich liegt bei Dosen im Bereich von 1—30 Mrd.

Die Dosisabhängigkeit des *unlöslichen Anteils* von strahlungsvernetztem Polyäthylen oberhalb der Gel-Dosis im Bereich von

[1]) Anschrift: 8027 Dresden, Helmholtzstraße 20

etwa 1–50 Mrd wurde als weitere Methode zur Tiefendosismessung ausgenutzt. Die Ermittlung des unlöslichen Anteils erfolgte in siedendem Xylol mit Hilfe einer speziellen Extraktionsapparatur.

Bei dem *Farbstoff-Festkörperdosimeter* wird durch das in der Grundsubstanz Polystyrol eingelagerte Kristallviolettleukocyanid und 1,4-Dijodbenzol in Abhängigkeit von der Dosis ein blauvioletter Farbstoff unterschiedlicher Intensität gebildet, wobei die spektrophotometrische Auswertung bei 610 nm erfolgte (vgl. [6]).

Auf eine eingehendere Darstellung der einzelnen Meßverfahren soll im Rahmen dieses Berichtes verzichtet werden, sie sind ausführlich in [1] beschrieben.

Der Vergleich der nach den 4 verschiedenen Meßmethoden erhaltenen Verteilungen untereinander und mit Literaturangaben (vgl. [6–15]), in denen für die Tiefendosisbestimmung z. T. noch andere Meßmethoden angewandt wurden, brachte insgesamt eine gute Übereinstimmung der Ergebnisse.

Die bei vergleichbaren Dosiswerten auftretenden Absorberdicken der untersuchten Materialien sind in guter Näherung der Absorberdichte umgekehrt proportional.

In Abb. 1 sind als Beispiel einige experimentell ermittelte Tiefendosisverteilungen im Energiebereich 0,5 – 3 MeV dargestellt.

Die bei verschiedenen Elektronenenergien für vergleichbare Tiefendosiswerte erhaltenen Materialdicken ergaben nur innerhalb des Bereiches 1–3 MeV in guter Näherung eine direkte Proportionalität zur Elektronenenergie, während im Energiebereich unterhalb 1 MeV die einfache Proportionalität bereits erheblich gestört ist.

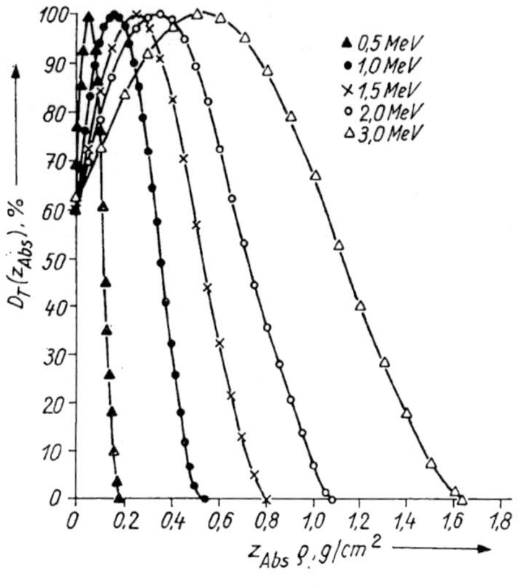

Abb. 1. Tiefendosisverteilungen von Elektronen im Energiebereich 0,5 – 3 MeV (Mittelwert von jeweils 4 Einzelmeßwerten nach der o. g. Methode in Polyäthylen, Zellophan und Polystyrol)

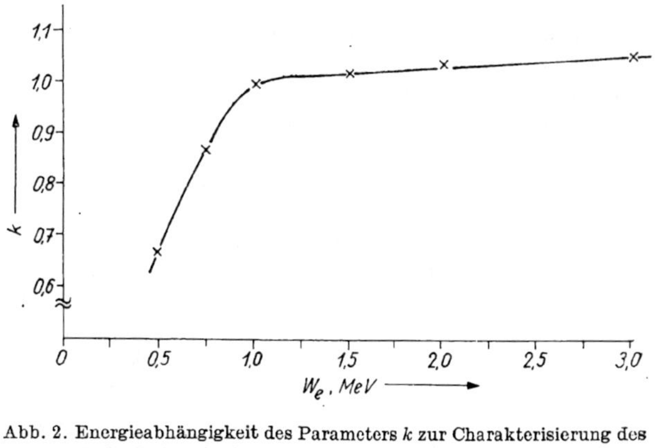

Abb. 2. Energieabhängigkeit des Parameters *k* zur Charakterisierung des Tiefendosisverlaufs

Der aus den experimentellen Ergebnissen erhaltene Faktor *k* zur Berücksichtigung der Energieabhängigkeit des Tiefendosisverlaufs ist in Abb. 2 angegeben.

Die charakteristischen Verteilungen (vgl. Abb. 1) steigen unter der Oberfläche zunächst relativ zur Oberflächendosis von etwa 60% bis zu einem Tiefendosismaximum von 100% bei einer Absorbertiefe von $z_{Abs_{max}}$ an:

$$z_{Abs_{max}}\,[\mathrm{cm}] \cong 0{,}16\; k W_e\,[\mathrm{MeV}]/\varrho\,[\mathrm{g/cm^3}] \qquad (1)$$

mit

z_{Abs} Absorbertiefe in Richtung des Primärstrahles
$k \cong 1$ Faktor zur Berücksichtigung der Energieabhängigkeit
W_e Elektronenenergie des Primärstrahles
ϱ Absorberdichte

Nach Durchlaufen des Maximums folgt ein schwach ausgeprägter Wendepunkt. Bei etwa

$$z_{Abs}[\mathrm{cm}] \cong 1/3\; k W_e\,[\mathrm{MeV}]/\varrho\,[\mathrm{g/cm^3}] \qquad (2)$$

ist die Dosis wieder so groß wie deren Oberflächenwert.

Erst bei etwa $3z_{Abs_{max}}$ ist die Dosis um eine Größenordnung geringer als im Maximum; bis zur maximalen Elektronenreichweite klingt die Verteilung weiter exponentiell ab, wobei

$$R_{max}\,[\mathrm{cm}] \cong 0{,}52\; k W_e\,[\mathrm{MeV}]/\varrho\,[\mathrm{g/cm^3}]\,. \qquad (3)$$

Der geschilderte Tiefendosisverlauf ist die Folge der *Vielfachstreuung*, in der jedes primär eingeschossene Elektron eine ganze Kaskade sekundärer, tertiärer usw. Elektronen bei inelastischen Streuprozessen auslöst, die ihrerseits alle je nach der erhaltenen kinetischen Energie in der Lage sind, weitere Atome zu ionisieren und/oder noch eine Distanz bis zu ihrer vollständigen Abbremsung zurückzulegen. Im Prinzip wären noch weitere Wechselwirkungsarten wie elastische Stöße oder die Entstehung der Bremsstrahlung zu berücksichtigen, was im Rahmen der folgenden Arbeit jedoch die Verhältnisse nicht ändert.

In diesem Zusammenhang sei noch kurz bemerkt, daß auf die Größe der 3 Wechselwirkungsprozesse der Elektronen mit dem Absorber (unelastische Stöße, elastische Streuung, Bremsstrahlungserzeugung) die Absorberdichte, das Atomgewicht *A* sowie die Ordnungszahl *Z* des Absorbers einen Einfluß besitzen. Die Effekte steigen in guter Näherung proportional mit der Dichte an, die Ordnungszahl hat demgegenüber einen unterschiedlichen Einfluß auf die verschiedenen Wechselwirkungen (in guter Näherung gilt bei unelastischen Stößen Proportionalität mit Z/A und bei elastischer Streuung sowie Bremsstrahlungserzeugung Proportionalität mit $Z(Z + 1)/A$). Für die bei strahlenchemischen Arbeiten angewandten Elektronenenergien und Ordnungszahlen kann der Energieverlust durch Bremsstrahlung vernachlässigt werden (vgl. [11, 13, 16]). Die elastische Streuung der Elektronen ist bei den betrachteten Energien ebenfalls gering; im Grunde bewirkt sie eine verstärkte Streuung der Elektronen in dichtem und schweratomigem Material gegenüber leichten, niederatomigen Materialien (Proportionalität mit ϱ und $Z(Z + 1)$) und hat somit eine geringe Verschiebung der Tiefendosisverteilung bei heterogenen Materialien zur Folge. Dabei ist die durch Materialinhomogenitäten bedingte Aufstreuung der Elektronen in unmittelbarer Umgebung der Probenoberfläche, bei der der größte Teil der Elektronen praktisch noch die Einfallsrichtung besitzt, am stärksten, wobei die größere Aufstreuung in dichteren und schweratomigen Substanzen mehr oder weniger große Veränderungen der Tiefendosisverteilungen in den nachfolgenden Schichten zur Folge hat. Mit steigender Absorberdicke (etwa ab 1/3 R_{max}) wird die Richtungsverteilung der Elektronen diffuser, und eventuell eingelagerte Materialinhomogenitäten beeinflussen den Tiefendosisverlauf nicht mehr erheblich [16, 17].

Da bei den untersuchten Polymermaterialien (die den entsprechenden biologischen Materialien bei Betrachtung radiologischer Probleme sehr ähnlich sind) die effektive Ordnungszahl und das Atomgewicht jeweils nicht sehr unterschiedlich bzw. nahezu konstant sind, kann infolge der verwendeten Elektronenenergien sowie der effektiven Ordnungszahlen die gesamte im Material absorbierte Energie der Elektronen den Ionisationsprozessen zugerechnet werden.

3. Mathematische Beschreibung des Tiefendosisverlaufs

Obwohl die allgemeine Theorie des Elektronendurchgangs durch Materie schon 1938 von *Bethe* und Mitarbeitern [18] behandelt wurde und *Spencer* [19] den gleichzeitigen Einfluß von Streu- und Abbremsprozessen genauer kombiniert hat, gibt es keine einfachen analytischen Formeln für die entstehende räumliche Verteilung der Ladungsträger im bestrahlten Material in Abhängigkeit von Elektronenenergie, Geometrie und Art des Materials, auch nicht für verschiedene Spezialfälle:

- flächenhafte Bestrahlung einer halbunendlich ausgedehnten Platte,
- Strahl mit Stufenkontur,
- Materialkante mit flächenhaftem Strahl u. a. (vgl. auch [20]).

Qualitativ konnten *Ähnlichkeitsregeln* [14] gefunden werden, nach denen typische Längen z_{Abs_i}, wie die Tiefe des Dosismaximums, die mittlere auf die Strahlrichtung orientierte Eindringtiefe, die Sättigungsdicke der Rückdiffusion etwa proportional mit der Anfangsenergie W_e der Elektronen wachsen (für $W_e > mc^2$). Eine exakte Berechnung der Verteilung der absorbierten Dosis in der Tiefe des bestrahlten Materials aus dem vorliegenden physikalischen Sachverhalt ist mit vertretbarem Aufwand außerordentlich aufwendig. Auch bisher durchgeführte statistische Berechnungen der Energieabnahme der Elektronen im bestrahlten Material mit Hilfe der *Monte-Carlo*-Methode (vgl. [13—15, 21—23]) sind einerseits sehr kompliziert und zeitaufwendig und andererseits wurden die Resultate noch nicht zu einem eindeutigen funktionellen Zusammenhang für die Tiefendosisverteilung geführt. Eine aus experimentellen Ergebnissen abgeleitete einfache empirische Formel zur mathematischen Beschreibung des Tiefendosisverlaufs ist bisher noch nicht veröffentlicht worden. Deshalb wird hier versucht, aus eigenen experimentell bestimmten Verteilungen und Literaturangaben eine einfache Formel zur mathematischen Anpassung des Tiefendosisverlaufs von schnellen Elektronen im Energiebereich 0,5—3 MeV zu erarbeiten.

Eine weitere Überlegung bezüglich der Genauigkeit der Anpassung nutzt den Fakt, daß uns eigentlich die *Vernetzungsgradverteilung* noch mehr interessiert als die *Tiefendosisgradverteilung*. Deshalb muß weiterhin berücksichtigt werden, daß die Vernetzung nicht sofort durch die Bestrahlung und Ionisation entsteht, sondern erst als Ergebnis von nachfolgenden strahlenchemischen Reaktionen. Auch hierbei können verschiedene und z. T. miteinander konkurrierende Prozesse ablaufen, wie beispielsweise Wanderung und Rekombination der strahleninduzierten Primärradikale, Abspaltung einzelner Atome als Zwischenstufe einer Reaktionskette, Reaktion der Radikale mit anwesenden Gasen oder Monomeren, Bindung zwischen Radikalen benachbarter Polymermoleküle und Entstehung von Vernetzungsbrücken.

Alle diese Prozesse sind ihrerseits durch die Konzentration der Reaktionspartner, durch die Reaktionsordnung, durch typische Relaxationszeiten sowie durch temperaturabhängige Reaktionsgeschwindigkeitskoeffizienten bestimmt. Beim Polyäthylen trägt der überwiegende Anteil der gebildeten Primärradikale zur Vernetzung bei, ein Teil in der Größenordnung von einigen Prozent reagiert in anderer Weise [24]. Folglich ist sowieso höchstens näherungsweise zu erwarten, daß die Vernetzung räumlich exakt so verteilt erfolgen wird, wie die Energieabsorption oder die Radikalbildung erfolgte. Es ist deshalb wohl für viele praktische Fälle legitim, eine handhabbare, d. h. möglichst einfache Verteilungsformel für die interessierende Wirkung, die Vernetzung durch Anpassung an experimentelle Daten zu suchen.

Bevor die Nachbildung formuliert wird, soll noch kurz der Zusammenhang zwischen Vernetzungsgrad und Energiedosis angegeben werden.

Wird Polyäthylen mit Dosen bis zur Größenordnung von etwa 1 Mrd bestrahlt, so ist zunächst eine Vergrößerung des mittleren Molekulargewichtes und damit verbunden eine Erhöhung der Schmelz- und Lösungsviskosität festzustellen. Bei Energiedosen um 1 Mrd bildet sich durch die Entstehung von Querverbindungen zwischen einzelnen Makromolekülen eine dreidimensionale Netzwerkstruktur. Liegt ein solches dreidimensionales Netzwerk vor, so kann das Polyäthylen nicht mehr vollständig durch ein entsprechendes Lösungsmittel (z. B. Xylol) aufgelöst werden. Mit steigender Energiedosis wird der unlösliche Anteil des Polyäthylens größer. In Abb. 3 ist z. B. die Dosisabhängigkeit des unlöslichen Anteils von Hochdruckpolyäthylen angegeben [1, 3—5].

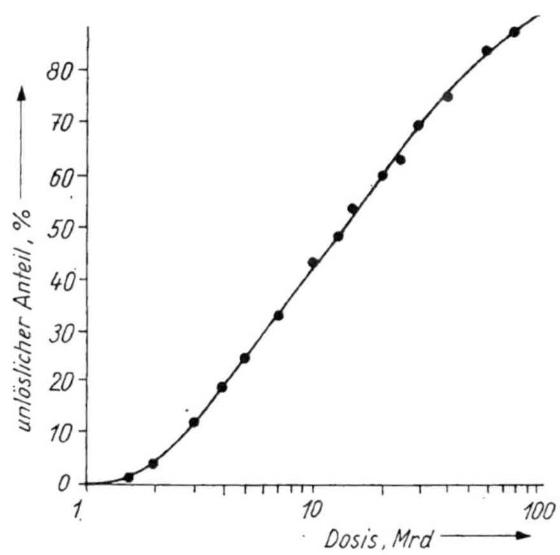

Abb. 3. Unlöslicher Anteil von elektronenbestrahltem Polyäthylen niedriger Dichte in Abhängigkeit von der Dosis

Aus der in Abb. 3 gezeigten einfach-logarithmischen Darstellung ist zu ersehen, daß für das untersuchte Polyäthylen im Dosisbereich von etwa 2—40 Mrd der unlösliche Anteil in Abhängigkeit von der Energiedosis eine Gerade ergibt. In diesem Dosisbereich kann man deshalb den unlöslichen Anteil g in guter Näherung durch die Beziehung (4) zum Ausdruck bringen:

$$g = \begin{cases} K_a \cdot \lg \dfrac{D}{D_{gel}} & \text{für } D \geqq D_{gel} \\ 0 & \text{für } D < D_{gel} \end{cases} \tag{4}$$

D_{gel} — Geldosis, K_a — Anstiegsfaktor.

Die Geldosis erhält man dabei aus dem Schnittpunkt des extrapolierten geradlinigen Teils der $g(D)$-Kurve mit der Abszisse.

Die im Polyäthylen absorbierte Dosis kann für das angegebene Beispiel aus den unlöslichen Anteilen zu

$$D\,[\mathrm{Mrd}] = \exp(0{,}0382\, g\,[\%] + 0{,}669) \tag{5}$$

im Dosisbereich 2—40 Mrd ermittelt werden.

Wegen dieser Korrelation $g(D)$ wird nachfolgend nur noch die Tiefendosisverteilung im Material explizit betrachtet. Die zugehörige Gelverteilung kann dann immer durch die zu (5) inverse Beziehung gewonnen werden.

Im folgenden soll zunächst eine Anpassung an die Tiefendosisverteilung für den einfachen Fall einer *flächenhaft bestrahlten Platte* vorgenommen und die Güte dieser Anpassung diskutiert werden. Bei genügend hoher Elektronenenergie sollte der statistische Charakter der räumlichen und zeitlichen Folge innerhalb einer Kaskade von Vielfachstreuvorgängen überwiegen. Folglich müßte sich die Verteilung an eine *Gauß*-Verteilung annähern:

$$D_T(z_{Abs}, W_e, \varrho) = D_{T_{max}} \exp\left\{-\left[\frac{z_{Abs}(\varrho) - a(W_e)}{b(W_e)}\right]^2\right\} \quad (6)$$

mit

$D_{T_{max}}$ Maximalwert der Tiefendosisverteilung,
a, b energieabhängige Parameter.

Aus (6) folgt nach Umformung

$$\sqrt{\ln \frac{D_{T_{max}}}{D_T}} = \frac{1}{b} \cdot (z_{Abs} - a)\,, \quad (7)$$

d. h. bei absoluter Übereinstimmung müßten die Meßwerte auf einer Geraden nach (7) liegen.

In der Regel wird man eine *lineare Anpassung* nach (7) einer direkten Anpassung nach (6) vorziehen. In Abb. 4a wird dazu demonstriert, wie die Ordinatenskala $\sqrt{\ln (D_{T_{max}}/D_T)}$ unterschiedlich gedehnt wird. Für eine gute lineare Anpassung sind deshalb

Für die experimentellen Meßwerte [1] nach Abb. 1 sind die mit (7) umgerechneten Werte in Abb. 4b dargestellt. Auffallend stimmt für alle Elektronenenergien das Verhältnis a/b praktisch überein. Für jede der betrachteten Elektronenenergien ist eine lineare Anpassung im Bereich $\sqrt{\ln (D_{T_{max}}/D_T)} = -0{,}7 \ldots 1{,}5$ (das entspricht der Tiefendosisverteilung vom Anfangswert über das Maximum bis wieder zum Abfall auf etwa 10%) gut möglich. Im Tiefendosisbereich von $D_T/D_{T_{max}} = 10\%$ bis zu R_{max}, d. h. für $\sqrt{\ln (D_{T_{max}}/D_T)} \gtrsim 1{,}5$ werden die Abweichungen tatsächlich erheblich. Da am Ende der Eindringtiefe erhaltene Dosiswerte von weniger als 10% ohnehin nur gering wirksam sind, wird später für diesen Bereich eine gegebenenfalls abkürzende Zusatzbedingung eingeführt.

Die so erhaltenen Parameter werden in Abb. 5 in Abhängigkeit von der Elektronenenergie angegeben. Aus diesen Einzelwerten wurden energieabhängige Ausgleichsgeraden $a(W_e)$, $b(W_e)$ und $a/b(W_e)$ erhalten; um eine zweckmäßig und leicht handhabbare Formel zu gewinnen, wurden diese mit der Nebenbedingung berechnet, daß sie für $a(W_e)$ und $b(W_e)$ jeweils durch

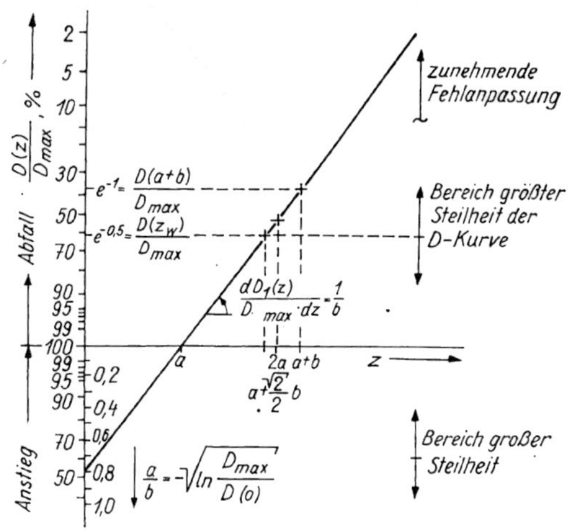

4a

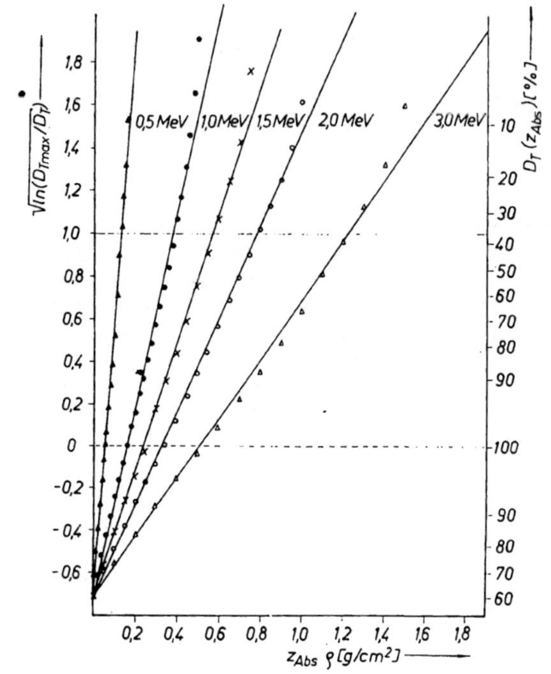

4b

Abb. 4. Zur mathematischen Beschreibung der Tiefendosisverteilungen mit Hilfe von (7): a) Schema, b) Meßergebnisse für Polyäthylen aus Abb. 1 im Energiebereich 0,5 – 3 MeV

genaue experimentelle Wertepaare $D_T(z)$ besonders aus dem Bereich größter Steilheit der *Gauß*-Kurve um die Wendepunkte:

$$z_{Abs_W} = a \pm b/\sqrt{2}\ (\gtrsim)\ 2a \text{ (bzw. } \cong 0),$$
$$D_T(z_{Abs_W}) = D_{T_{max}} \cdot e^{-0,5}$$

wichtig. Wertepaare aus der Umgebung des Maximums sind dagegen für eine Anpassung unkritisch und auch zu unempfindlich. Auch sollten Wertepaare vom Ende der Eindringtiefe nicht überbewertet werden; selbst bei kleinen absoluten Schwankungen in der Dosisbestimmung wird ihre relative Unsicherheit groß und hinzu kommt die in diesem Bereich weiter zunehmende Skalenstreckung.

Abb. 4a verauschaulicht außerdem, wie die gesuchten Parameter a und b sich in verschiedenen typischen Kurvenabschnitten widerspiegeln: Steilheit $\cong b^{-1}$, Abszissenabschnitt $\cong a$, Ordinatenabschnitt $\cong a/b$, usw.

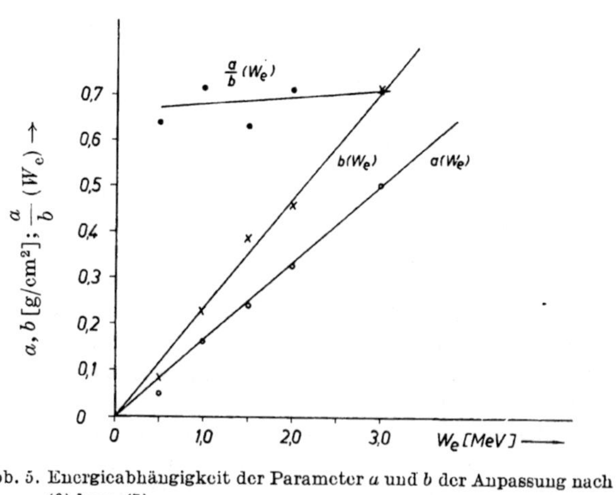

Abb. 5. Energieabhängigkeit der Parameter a und b der Anpassung nach (6) bzw. (7)

den Nullpunkt gehen. Innerhalb der gesamten Anpassungsgenauigkeit stellte diese Nebenbedingung im Energiebereich 1—3 MeV keine wesentliche Einengung dar. Im Prinzip kann man für a und b ebenfalls behaupten, daß sie der Ähnlichkeitsregel entsprechen und folglich ist ihr Quotient a/b auch fast nicht von der Energie abhängig. Für wesentlich kleinere Primärenergien ($W_e < mc^2$), wenn die Zahl der Generationen in einer Elektronenkaskade größenordnungsmäßig geringer ist, wird dieser Quotient a/b auch stark abnehmen.

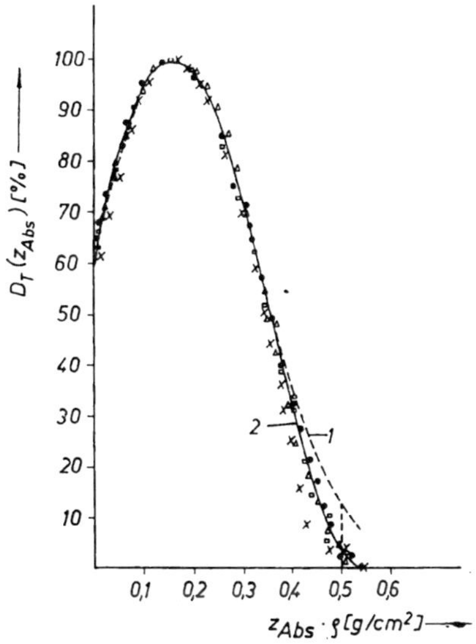

Abb. 6. Mathematische Nachbildung des Tiefendosisverlaufs nach (6) bzw. (7) (Kurve 1) im Vergleich zum Mittelwert (Kurve 2) bzw. zu den Einzelwerten der experimentellen Ergebnisse für 1 MeV: × — Extraktion aus strahlungsvernetztem Polyäthylen; ● — Zellophandosimeter; □ — kalorimetrische Bestimmung; △ — Polystyroldosimeter

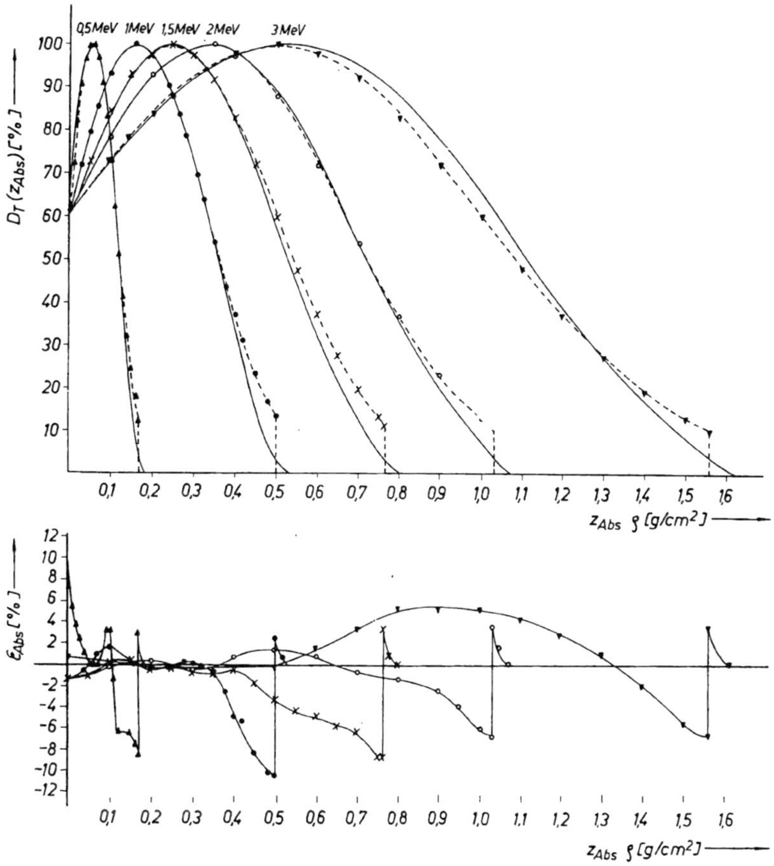

Abb. 7. Vergleich des nach (8) berechneten Tiefendosisverlaufs von energiereichen Elektronen im Bereich 0,5—3 MeV (gestrichelte Kurven) mit den Mittelwerten der experimentellen Ergebnisse und zugehörige absolute Abweichungen ε_{abs} (für 0,5 MeV: $k = 0{,}7$)

Abschließend wird die so erhaltene Nachbildung der Tiefendosisverteilung für das Beispiel der Bestrahlung mit Elektronen von 1 MeV in Abb. 6 gezeigt. Dabei sind zum Vergleich die Meßwerte aus den o. a. 4 Bestimmungsmethoden sowie die Tiefendosis-mittelwerte aus diesen Werten und aus Literaturangaben [vgl. 1, 2, 6—15] mit eingezeichnet.

Auch aus dieser Darstellung ist ersichtlich, daß für die betrachtete Elektroenergie von 1 MeV die Übereinstimmung zwischen Anpassungsformel und den experimentellen Werten bis zu Flächenmassen von $z_{Abs} \cdot \varrho < 0{,}5$ [g/cm²] als ausreichend angesehen werden kann. Oberhalb dieses Flächenmassenbereiches $z_{Abs} \cdot \varrho \geqq 0{,}5$ [g/cm²] wird vorgeschlagen, die Abweichungen zwischen den Meß- und Rechenwerten dadurch zu reduzieren, indem man $D_T(z_{Abs} \cdot \varrho \geqq 0{,}5\,[\text{g/cm}^2]) = 0$ setzt.

Mit den Ausgleichgeraden entsprechend Abb. 5 für die Parameter $a(W_e)$ und $b(W_e)$ und zur Berücksichtigung der größeren Abweichungen zwischen Experiment und Anpassung (6) im Bereich $z_{Abs} \cdot \varrho\,[\text{g/cm}^2] \geqq 0{,}5\,kW_e[\text{MeV}]$ folgt in dem untersuchten Energiebereich 0,5—3 MeV die einfache mathematische Beschreibung des Tiefendosisverlaufs in Richtung der Primärelektronen zu

$$D_T = D_{T_{max}} \cdot \exp\left\{-\left[\frac{z_{Abs} \cdot \varrho\,[\text{g/cm}^2] - 0{,}165kW_e\,[\text{MeV}]}{0{,}236kW_e\,[\text{MeV}]}\right]^2\right\}$$

$$\text{für} \quad 0 \leqq \frac{z_{Abs} \cdot \varrho\,[\text{g/cm}^2]}{k \cdot W_e\,[\text{MeV}]} \leqq 0{,}5\,; \qquad (8)$$

$$D_T = 0 \quad \text{für} \quad \frac{z_{Abs} \cdot \varrho}{kW_e} \geqq 0{,}5 \text{ g cm}^{-2}\,\text{MeV}^{-1}$$

Die in den Formeln (1—3) schon auftretende und in Abb. 2 dargestellte Konstante k ist bei der Anpassung in Formel (8) einheitlich mit $k = 1$ für alle $W_e \geqq 1$ berücksichtigt; für kleinere Energien nimmt k ab, z. B. für $W_e = 0{,}5$ MeV ist $k = 0{,}7$ gut geeignet (s. auch Abb. 5).

In Abb. 7 sind als Beispiel einige nach der Anpassung (8) ermittelte Tiefendosisverteilungen im Vergleich zu den Mittelwerten der experimentellen Resultate angegeben. Die absoluten Fehler ε_{abs} zwischen Anpassung und Experiment für einzelne Elektronenenergien im Bereich 0,5—3 MeV sind im unteren Teil der Abb. 7 mit aufgezeichnet. In diesem Teilbild ist erkennbar, daß die Anpassung besser als auf 5% bezogen auf $D_{T_{max}}$ möglich ist.

Bei erforderlichen genaueren, aber aufwendigeren Rechnungen zur Ermittlung des Verlaufes der Tiefendosis in Richtung der eindringenden Elektronen kann eine insbesondere im Bereich $0{,}3 \leqq \frac{z_{Abs} \cdot \varrho\,[\text{g/cm}^2]}{kW_e\,[\text{MeV}]}$ bis R_{max} noch genauere Anpassungsformel benutzt werden [1]. Diese numerisch genauere Beziehung hat aber ebenfalls den Nachteil, daß auch sie nicht direkt aus dem physikalischen Sachverhalt entwickelt worden ist, sondern eine formale Anpassung darstellt. Weiterhin wird diese Nachbildung durch relativ hohe, z. T. gegenseitig konkurrierende Exponenten und durch eine zweite zusätzliche Korrekturfunktion recht schwer handhabbar. Auch in dieser An-

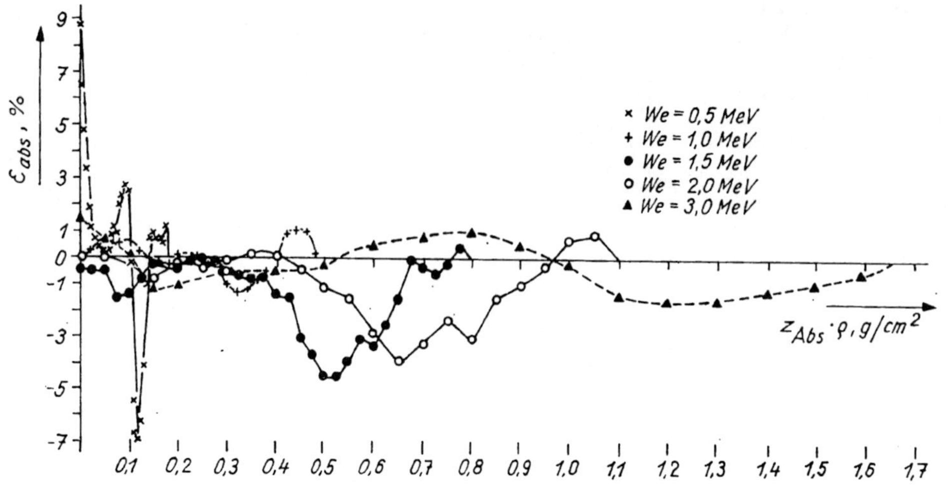

Abb. 8. Absolute Abweichungen ε_{abs} zwischen Meßwerten und den nach [1] berechneten Tiefendosisverteilungen für verschiedene Elektronenenergien

passung ist die Aufstreuung des Elektronenbündels nicht berücksichtigt.

In Abb. 8 sind die absoluten Fehler $\varepsilon_{abs}(z_{Abs})$ zwischen den mit Hilfe dieser Formel [1] ermittelten Verteilungen und den Mittelwerten aus den experimentellen Ergebnissen dargestellt. Die größten Abweichungen treten bei einer Elektronenenergie von 0,5 MeV auf, wobei die größeren Werte von $\varepsilon_{abs}(z_{Abs} \leqq 0{,}025\,\text{cm})$ insbesondere aus der ungenügend genauen Anpassung des Anfangswertes der Verteilung resultieren (die Anfangsmeßwerte für 0,5 MeV liegen im Vergleich zu den Energien $\geqq$ 1 MeV höher). Die geringsten Abweichungen treten bei den Elektronenenergien von 1 und 3 MeV auf, bei denen sich aus dem formalen Vergleich der Anpassung mit den experimentellen Mittelwerten maximale absolute Abweichungen von 1,3 bzw. 1,6%, bezogen auf $D_{T_{max}}$, ergeben. Diese relativ geringen Abweichungen sollten jedoch nicht überbewertet werden, da die Fehler der genannten Dosismeßverfahren nicht viel kleiner als 5% und damit wesentlich größer als die sich aus Abb. 8 ergebenden Abweichungen sind.

4. Anwendungsbeispiele

Bei der Strahlungsmodifizierung von Materialien mit komplizierteren geometrischen Formen als beispielsweise plattenförmigen Proben, bei Materialkombinationen mit verschiedenen Dichten und Bestrahlungsobjekten größerer Abmessungen ist es oft erforderlich, Mehrseitenbestrahlungstechnologien anzuwenden, um z. B. eine möglichst homogene Vernetzung zu erhalten.

Diese Mehrseitenbestrahlungstechnologien lassen sich entweder durch mehrmaliges Durchführen des Bestrahlungsmaterials durch das Elektronenstrahlungsfeld nach entsprechender Drehung des Bestrahlungsgutes oder durch Verwendung von Anlagen mit Mehrfachscannersystemen (Zweifach- oder Dreifachscanner) realisieren. Auch die gleichzeitige Translation und Rotation des Materials im Strahlungsfeld ist möglich. Dabei ist es notwendig, die aus den Überlagerungen der Teilkomponenten resultierenden Dosisverteilungen im Innern des mehrseitenbestrahlten Materials in Abhängigkeit von der Elektronenenergie, den Materialdichten und den geometrischen Abmessungen zu ermitteln.

Für *zylinderförmige* Bestrahlungsmaterialien (Kabel, Rohre, Profile und dergleichen) sollen die entstehenden Verhältnisse kurz betrachtet werden.

Bei einer Mehrseitenbestrahlung sind zur Ermittlung des Einflusses der einzelnen Dosiskomponenten und zur Bestimmung der Gesamtdosis an einem beliebigen Ort zunächst die effektiven Materialdicken bezüglich der Einstrahlrichtungen notwendig. Die Größe der effektiven Materialdicken $z_{Abs_{eff_i}}(r, \alpha, \varrho)$ ergibt sich dabei aus den Werten der in Richtung des jeweiligen Primärstrahles vorhandenen Wegestrecken im zylindrischen Absorber, multipliziert mit der Dichte der jeweils durchstrahlten Materialien. Über die Zulässigkeit dieser vereinfachten Vorgehensweise (d. h. ohne Berücksichtigung des Einflusses von Streuprozessen quer zur Strahlrichtung) wird noch diskutiert werden. Die Gesamtdosis im betrachteten Punkt wird sodann unter Berücksichtigung des Tiefendosisverlaufs einer Strahlrichtungskomponente durch Summation der Einzelkomponenten erhalten.

Im Zentralinstitut für Festkörperphysik und Werkstofforschung Dresden der Akademie der Wissenschaften der DDR ist z. B. ein FORTRAN-Rechenprogramm entwickelt worden, mit dem Tiefendosisverteilungen, Isodosen- und Vernetzungsgradverteilungen in zylinderförmigen Absorbern beliebiger Abmessungen mit konzentrisch angeordneten Materialien verschiedener Dichten bei symmetrischer und unsymmetrischer Ein- bis Zehnseitenbestrahlung mit Elektronen im Energiebeereich 0,5 bis 3 MeV ermittelt werden können.

Neben der Berechnung der entsprechenden Verteilungen sowie deren absoluter und relativer Extremwerte sind mit Hilfe dieses Programms bei Vorgabe der Strahlungsfeldparameter auch noch die möglichen *Durchsatzgeschwindigkeiten* der zu modifizierenden Objekte bestimmbar.

Diese Geschwindigkeit des Bestrahlungsgutes durch das Strahlungsfeld ist mit den Elektronenbeschleunigerparametern U und J_e (Beschleunigungsspannung und Gesamtelektronenstrom längs der Fächerbreite a) sowie dem aus den Tiefendosisüberlagerungsrechnungen resultierendem Faktor $K_{TÜ}$ durch folgende Beziehung verknüpft:

$$v\,[\text{m/min}] = 60 F_A \cdot K_{TÜ}\, \frac{J_e\,[\text{mA}] \cdot U\,[\text{MV}]}{R_{max} \cdot \varrho\,[\text{g/cm}^2] \cdot a\,[\text{cm}] \cdot D\,[\text{Mrd}]}, \tag{9}$$

wobei D = Minimal- bzw. Mittelwert der erforderlichen Vernetzungsdosis, F_A = Strahlungsfeldausnutzungsfaktor.
Die Formel (9) hat als Grundlage die Definitionsgleichung der absorbierten Dosis mit einer absorbierten Energie von $\mathrm{d}W = J_e \cdot U \cdot dt$ je Massenelement $\mathrm{d}m = \varrho \cdot R_{max}\, adx$.
Der Tiefendosisüberlagerungsfaktor $K_{TÜ}$

$$K_{TÜ} = \frac{\sum_i D_{T_i}(r, \alpha, W_e, \varrho)}{\int_0^{R_{max}} D_T(z_{Abs}) \cdot \mathrm{d}z_{Abs}} \tag{10}$$

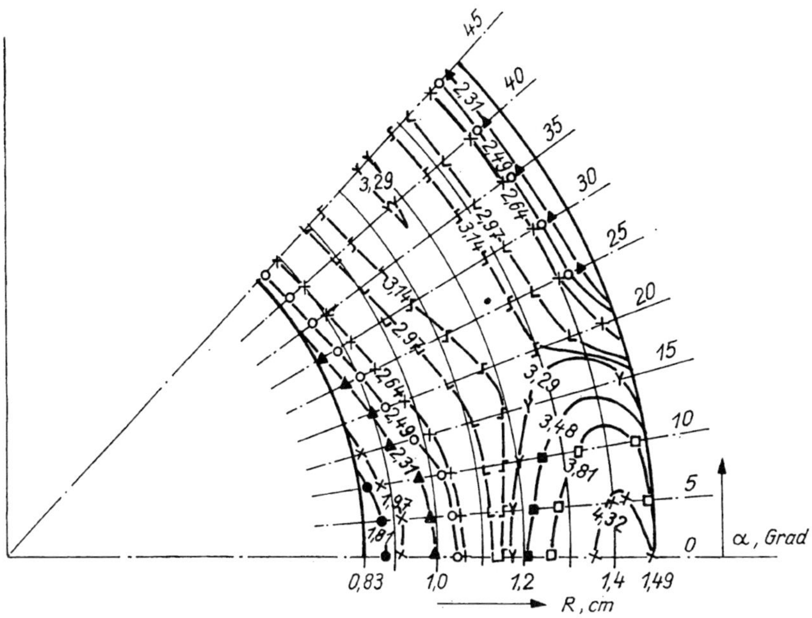

Abb. 9. Isodosen im Außenmaterial eines zylinderförmigen Absorbers (d_a = 29,7 mm, d_i = 16,5 mm, ϱ_a = 0,92 g/cm³, ϱ_i = 2,7 g/cm³) nach symmetrischer Vierseitenbestrahlung mit 2,25 MeV-Elektronen

gibt dabei an, um wieviel mal kleiner oder größer die Gesamtdosis im betrachteten Punkt $P(r, \alpha)$ des Zylinderabsorbers ist, bezogen auf den Tiefendosismittelwert einer Komponente in Richtung der eindringenden Elektronen.

Anhand von 2 einfachen Beispielen für Vierseiten- und Zweiseitenbestrahlung sollen die entstehenden Dosis- bzw. Vernetzungsgradverteilungen kurz diskutiert werden.

In Abb. 9 sind die *Isodosen* in einem zylindrischen Absorber ($d_a = 29{,}7$ mm, $d_i = 16{,}5$ mm; $\varrho_a = 0{,}92$ g/cm³, $\varrho_i = 2{,}7$ g/cm³) nach symmetrischer Vierseitenbestrahlung mit 2,25 MeV-Elektronen gezeigt. Die Werte an den einzelnen Isodosen geben die absorbierte Dosis an, wenn eine mittlere Dosis von 1 je Strahlungsrichtungskomponente vorausgesetzt ist (Mittelwert der Tiefendosisverteilung einer Komponente in Richtung des Primärstrahles bei R_{max}).

Im betrachteten Beispiel befinden sich die *Dosisminima* an der Innenseite des äußeren Materials mit der geringeren Dichte bei etwa $R = 0{,}83$ cm und $\alpha = 0-5$ Grad. Für kleinere Außendurchmesser des Absorbers bzw. höhere Elektroenergien wandern die Dosisminima an die Außenseite des Zylinders im Winkelbereich $\alpha = 30-60$ Grad.

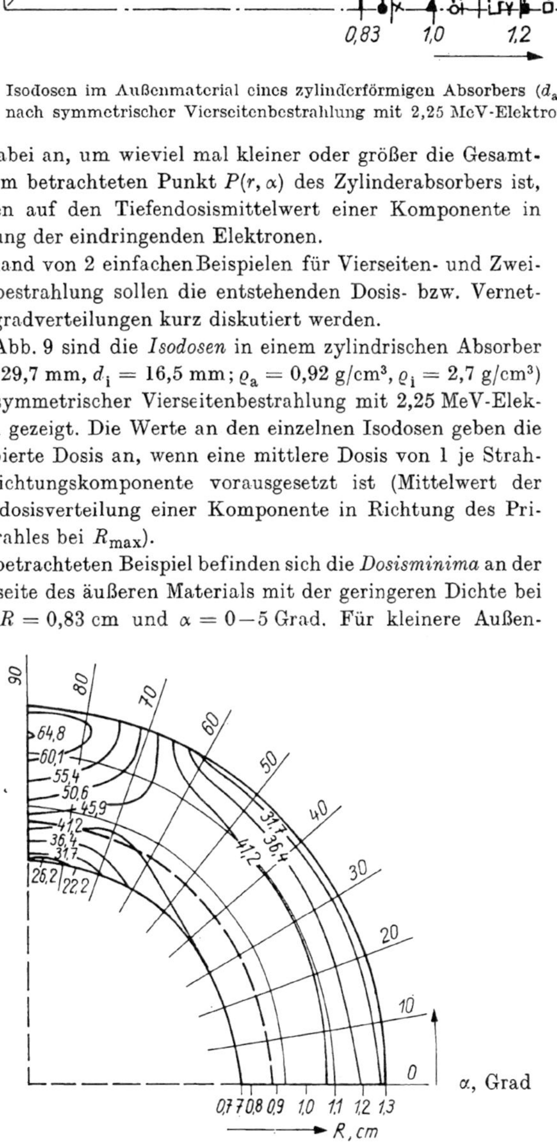

Abb. 10. Linien gleicher Vernetzungsgrade (unlöslicher Anteil) im Außenmantel eines zylindrischen Absorbers (d_a = 26 mm, d_i = 15,4 mm, ϱ_a = 0,92 g/cm³, ϱ_i = 2,7 g/cm³) nach symmetrischer Zweiseitenbestrahlung mit 2,3 MeV-Elektronen
mittlere Dosis je Strahlrichtungskomponente: 5 Mrd

Die *Dosismaxima* treten kurz unter der Absorberoberfläche in einer Tiefe von etwa 1 mm, d. h. bei $R = 1{,}4$ cm und $\alpha = 0$; 90; 180 bzw. 270 Grad auf.

Im Bereich $\alpha = (45; 135; 225; 315) \pm 25$ Grad, $R = (0{,}83$ bis $1{,}4)$ cm bleibt die Dosisschwankung relativ gering.

Durch den in (4) fixierten Zusammenhang $g(D)$ können auch die Linien gleicher unlöslicher Anteile im Absorbermaterial als Folge der Strahlungsvernetzung ermittelt werden. In Abb. 10 sind als Beispiel die Linien gleicher unlöslicher Anteile in einem zylinderförmigen Absorber ($d_a = 26{,}0$ mm, $d_i = 15{,}4$ mm, $\varrho_a = 0{,}92$ g/cm³, $\varrho_i = 2{,}7$ g/cm³) nach symmetrischer Zweiseitenbestrahlung mit 2,3 MeV-Elektronen aus den Richtungen $\alpha = 0°$ und 180° gezeigt, wobei eine Dosis von 5 Mrd je Strahlrichtungskomponente vorausgesetzt wurde.

In diesem Fall sind die Vernetzungsgradinhomogenitäten bei Winkeln von $\alpha = 90; 270$ Grad am größten, während im Ortsbereich $R = r_i \dots r_a$, $\alpha = (0; 180) \pm 60$ Grad die Schwankungen des unlöslichen Anteils relativ gering bleiben. Die Minima von g liegen bei $R = r_i$ (d. h. an der Innenseite des äußeren Materials mit der geringeren Dichte) und Winkeln von etwa 80, 100, 260, 280 Grad. Kurz unter der Absorberoberfläche ($R = 1{,}2$ cm) bei $\alpha = 90, 270$ Grad befinden sich die Maximalwerte des unlöslichen Anteils.

Abschließend noch einige Bemerkungen zu den *Vernachlässigungen* bei der Ermittlung der angegebenen Überlagerungsverteilungen hinsichtlich des Einflusses von Streueffekten.

Bekanntlich ist die Anregung in Vielfachkaskaden nicht nur in Richtung des Primärstrahles bzw. -teilchens ausgebildet, sondern die Kaskade besitzt ein bestimmtes Tiefen-Breiten-Verhältnis, ein „birnenförmiges" Anregungsgebiet. Das gilt insbesondere für fokussierte Strahlungsbündel. Selbst bei einem auf eine relativ große Fläche ausgefächertem Elektronenbündel ist dieser Einfluß, zwar in geringerem Umfang, zu berücksichtigen. Bei genügend hohen Elektronenenergien (im betrachteten Fall interessieren Energien $\geqq 0{,}5$ MeV) ist zwar das Verhältnis zwischen Vorwärts- und Querrichtung groß, trotzdem wird in jedem Punkt die Ionisation oder Anregung zu einem Teil auch als Folge von vorherigen Generationen von Streuprozessen aus benachbarten,

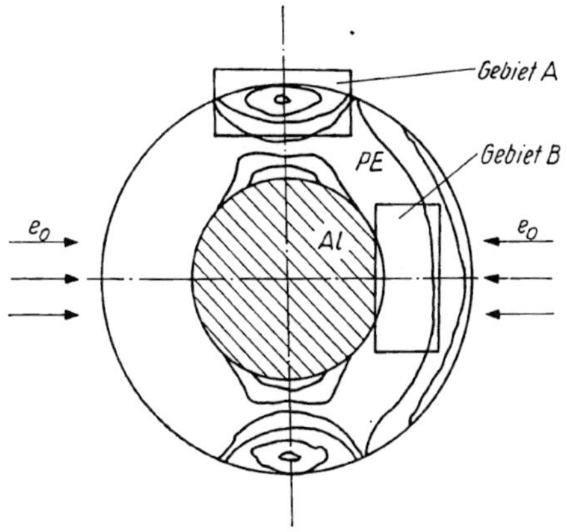

Abb. 11. Schematische Darstellung der Bereiche unterschiedlicher Streueffekte bei Zweiseitenbestrahlung von Kabeln mit energiereichen Elektronen

parallelen Primärrichtungen erzeugt. Insbesondere im Randgebiet A des in Abb. 11 angegebenen Schemas fehlt eine Hälfte des benachbarten Materials. Folglich wird dieses Gebiet etwas weniger Anteil an Sekundärstrahlung erhalten, und zwar abschätzungsweise $\leqq 10\%$ bis zu einer Tiefe von etwa maximal $z_{Abs} \cdot \varrho\,[g/cm^3] = 0{,}04\,kW_e\,[MeV]$ quer zu den Einstrahlungsrichtungen.

Eine zweite Korrektur betrifft das Gebiet an einem Materialübergang, z. B. an der Grenze zwischen einem Aluminiumleiter und der Polyäthylenisolierung eines Kabels (vgl. Abb. 11, Gebiet B). Am inneren, dichteren Material mit der höheren Ordnungszahl ist die Rückstreuung der Elektronen erhöht, die Polymerschicht an dieser Grenze wird etwas höher vernetzt werden. Ist die zur Strahlungsvernetzung benutzte Elektronenenergie entsprechend hoch, so können auch bereits energetisch stark abgebremste Sekundärelektronen diese Grenze Polyäthylen/Aluminium erreichen. Im Extremfall wird eine Dosiserhöhung bei Aluminium auf maximal 10% beschränkt bleiben, (bei Materialien mit höheren Ordnungszahlen kann dieser Anteil beträchtlich höher sein), und zwar im unmittelbaren Grenzgebiet des Materials mit der geringeren Dichte bei einer Schichtdicke von max. etwa $0{,}03\ W_e\,[MeV]\,g/cm^2$. Diese grobe Abschätzung der beiden korrekturbedürftigen Vereinfachungen bei Anwendung der o. a. Anpassungsformeln mit nur einer Koordinatenabhängigkeit in Richtung des Primärstrahls z_{Abs} zeigt also, daß die Ergebnisse nicht relevant beeinträchtigt werden (vgl. [13, 14, 16, 25, 26]). Vielmehr ergibt sich sogar durch die Streueffekte in den Bereichen A und B eine Verbesserung der gesamten Verhältnisse gegenüber den Rechenergebnissen, indem im Gebiet A in praxi etwas geringere und im Gebiet B etwas höhere Werte als nach der Rechnung auftreten.

Diese Aussage bestätigen auch die experimentellen Resultate, indem aus Extraktionsuntersuchungen über dem gesamten Querschnitt der Kabelisolierung die Verteilungen bei Zweiseiten- und Vierseitenbestrahlung ermittelt worden sind.

Aus einer Vielzahl von durchgeführten Rechnungen und Messungen zur Ermittlung von entsprechenden Verteilungen bei Variation der Bestrahlungstechnologie, Elektronenenergie und Absorbergeometrie folgt (vgl. [1—5]), daß zur Erzielung günstiger Bestrahlungsbedingungen bei der Strahlungsmodifizierung von zylindrischen Absorbern wie Kabeln, Rohren und dergleichen zwei Möglichkeiten existieren:

- die Verwendung einer entsprechend optimalen Elektronenenergie,
- die Anwendung einer günstigen Mehrseitenbestrahlungstechnologie (durch Drehung der Produkte bzw. durch Einsatz von Mehrfachscannersystemen).

Beispielsweise ergab sich aus dem Vergleich von Verteilungen in der Isolierung von Mittelspannungskabeln mit großen Querschnitten bei symmetrischer Zweiseitenbestrahlung, daß bereits eine Erhöhung der Elektronenenergie von 2 auf 2,3 MeV bei Beibehaltung der übrigen Bestrahlungsbedingungen eine wesentliche Verbesserung der Dosis- und damit Vernetzungsgradhomogenität im Absorber zur Folge hat. Der *kritische Tiefendosisfaktor*, der an ausgewählten Orten in der Isolierung eine Mindestdosis fordert, steigt nämlich dabei um den Faktor 4, womit die Abzugsgeschwindigkeit in diesem Fall vervierfacht werden kann. Damit geht gleichzeitig eine relative Erniedrigung des Dosismaximalwertes konform. Diese Tatsache ist besonders auch deshalb wesentlich, weil durch zu hohe Maximalwerte lokale Überhitzungen im Absorber bei der Bestrahlung möglich sind, die weitere Sekundäreffekte nach sich ziehen können.

Aus weiteren Beispielen geht hervor, daß bei einer Verringerung der Winkel zwischen benachbarten Strahlrichtungen eine Verkleinerung des Dosisminimums einhergehen kann. Bei Sechsfachbestrahlung mit 2,3 MeV-Elektronen geht z. B. das relative Dosisminimum in der Isloierung eines Mittelspannungskabels auf den 0,45fachen Wert zurück, wenn der Winkel zwischen den jeweils 3 benachbarten Strahlrichtungen, die sich gegenüberstehen, von 30 auf 10 Grad reduziert wird.

Insgesamt sollten bei der Strahlungsmodifizierung von Polymeren beide Möglichkeiten, d. h. Anwendung optimaler Elektronenenergien und Bestrahlungstechnologien, ausgeschöpft werden, um die besten Resultate garantieren zu können. Die für die Optimierung vorausgesetzte Anpassungsformel zur quantitativen Abschätzung der Tiefendosis- und Vernetzungsgradverteilungen ist dabei gut geeignet und für praktische Zwecke ausreichend.

5. Zusammenfassung

Ausgehend von experimentell ermittelten Tiefendosisverteilungen von energiereichen Elektronen in Polymeren mit Hilfe verschiedener Meßmethoden wurde nachgewiesen, daß eine *Gauß*-Verteilung zur mathematischen Beschreibung des Tiefendosisverlaufs in Richtung des Primärstrahls benutzt werden kann.

Diese Anpassung ist eine Voraussetzung für ein Rechenprogramm zur Bestimmung von Isodosen und Vernetzungsgradverteilungen sowie der aus den Strahlungsfeldparametern und der Bestrahlungstechnologie resultierenden Materialdurchsatzgeschwindigkeiten bei Mehrseitenbestrahlung von zylindrischen Absorbern mit Elektronen im Energiebereich 0,5—3 MeV.

Einige Verteilungen in Kabelisolierungen nach symmetrischer Zweiseiten- und Vierseitenbestrahlung wurden als Beispiele diskutiert.

Die Abweichungen zwischen den experimentellen Resultaten und den berechneten Verteilungskurven lagen jeweils innerhalb einer Fehlergrenze von wenigen Prozent; in dem für die Vernetzung schon unwirksamen Bereich am Reichweitenende fällt die Dosis schneller ab, und hier überschätzt die berechnete Verteilung die Dosis in einem schmalen Bereich um 5—10%.

Abschließend sind Korrekturen durch auftretende Streueffekte sowie die Gestaltung des Bestrahlungsprozesses hinsichtlich der Anwendung der optimalen Elektronenenergie und Bestrahlungstechnologie behandelt worden.

Eingegangen am 1. 9. 1978

Literatur

[1] *H.-J. Heinrich*, Dissertation, AdW der DDR, Okt. 1973
[2] *H.-J. Heinrich*, Wissenschaftl. Berichte des Zentralinstitutes für Festkörperphysik und Werkstofforschung Dresden (ZFW) der AdW der DDR, Nr. 4 (1975) 38

[3] *H.-J. Heinrich*, „Bestrahlungstechnologische Aspekte bei der Strahlungsmodifizierung von Polymeren mit energiereichen Elektronen", Vortrag zum RGW-Symposium „Strahlenchem. Modifizierung von Polymeren", Warschau, Sept. 1977

[4] *K. Possell, H.-J. Heinrich, D. Flügge, F. Schimke*, „Industrielle Anwendung der Strahlungsvernetzung am Beispiel strahlungsvernetzter Starkstrom-Mittelspannungskabel", Vortrag zum RGW-Symposium „Strahlenchem. Modifizierung von Polymeren", Warschau, Sept. 1977

[5] *K. Possell, H.-J. Heinrich*, Wissenschaftl. Berichte des ZFW, Nr. 7 (1976) 10

[6] *K. Prokert, W. Stolz*, Isotopenpraxis **6** (1970) 325 und *K. Prokert*, Dissertation, TU Dresden, 1969

[7] *H. Aiginger, H. Hubeny*, Atomkernenergie **10** (1965) 479

[8] *V. Stannett*, American dyestuff reporter **54** (1965) 10, S. 64

[9] *W. Stolz*, Isotopenpraxis **2** (1966) 366

[10] *A. Charlesby* (ed.) Radiat. Sources, Pergamon Press, Oxford-New York 1964

[11] *F. H. Attix, W. C. Roesch*, Radiation Dosimetry, New York – London 1968

[12] *R. Salovey, W. Rosenzweig*, J. Polymer Sci. **1** (1963) A, 2145

[13] *A. Zuppinger, G. Poretti* (eds.), Symposium on High-Energy-Electrons, Heidelberg – New York 1965

[14] *D. Harder*, Habilitationsschrift, Univers. Würzburg 1965

[15] *M. J. Kniedler, J. Silvermann*, Large Radiation Sources for Industrial Processes, IAEA, Vienna, 1969, S. 567 (IAEA-SM-123/42) und *M. L. McLaughlin, E. K. Hussmann*, ibid., S. 579 (IAEA-SM-123/43)

[16] *G. Breitling, K. H. Vogel*, Strahlentherapie **122** (1963) 321

[17] *B. Markus*, Strahlentherapie **113** (1960) 379

[18] *H. A. Bethe*, u. a. Proc. Am. Philos. Soc. **78** (1938) 573

[19] *L. V. Spencer*, Phys. Rev. **98** (1955) 1597

[20] *H. W. Thümmel*, Durchgang von Elektronen- und Betastrahlung durch Materieschichten, Akademie-Verlag Berlin 1974

[21] *M. J. Berger*, Methods in Computational Physics 1, Academic Press, New York 1963

[22] *E. Hara*, Nucl. Instr. Meth. **15** (1968) 85

[23] *G. S. Mingalejew, B. M. Terentjew*, Radiazionnaja Technika, Bd. 5, Atomisdat, Moskau 1970 (russ.)

[24] *A. Bartl*, unveröffentl. Ergebnisse

[25] *J. E. Saunders, V. G. Peters*, Brit. J. of Radiology **47** (1974) 467

[26] *R. Loevinger, C. J. Karzmark, M. Weissbluth*, Radiation therapy with high energy electrons, Radiology **77** (1975) S. 906

Berechnung von Isotopieeffekten in den spezifischen Geschwindigkeitskonstanten $k(E)$ für Zerfallsreaktionen

H. Johansen, K. Johst

(Zentralinstitut für Isotopen- und Strahlenforschung der Akademie der Wissenschaften der DDR)[1]

Für die Moleküle NO_2, SO_2, CO_2 werden Dissoziationswahrscheinlichkeiten und Isotopieeffekte derselben in Abhängigkeit von der Anregungsenergie und dem Drehimpulszustand berechnet ($^{14}N/^{15}N$; $^{16}O/^{18}O$; $^{32}S/^{34}S$; $^{12}C/^{13}C$). Die Verhältnisse der spezifischen Geschwindigkeitskonstanten für Paare isotopensubstituierter Moleküle nehmen in Abhängigkeit von der Anregungsenergie zum Teil beträchtliche Werte an, weisen ein oszillatorisches Verhalten auf und zeigen auch inverse Isotopieeffekte.

(B 12) INIS DESCRIPTORS:

activation energy; carbon 12; carbon 13; carbon dioxide; chemical reaction kinetics; dissociation; dissociation energy; excitation; isotope effects; nitrogen 14; nitrogen 15; nitrogen oxides; oxygen 16; oxygen 18; partition; spin; sulfur 32; sulfur 34

1. Einleitung

Es werden Dissoziationsprozesse in der Gasphase betrachtet, bei denen auf die Aktivierungsschritte ein hinreichend schnelles Abklingen des Anfangszustandes im angeregten Molekül gegen eine statistische Verteilung der Besetzung angeregter Energiezustände folgt. Die spezifischen Zerfallskonstanten $k(E)$ (E: Anregungsenergie) derartiger Zerfallsreaktionen können mit verhältnismäßig geringem Aufwand im Rahmen einer statistischen Theorie berechnet werden. (Aktivierungsschritte: thermische Anregung, Photolyse, Feldionisation, Ladungsaustausch im Zerfall von Molekülionen, vorgelagerte Kombinationsreaktionen bei chemischer Aktivierung u. a.)

Die experimentell beobachteten Mittelwerte $\langle k(E)\rangle$ ergeben sich durch Mittelung der spezifischen Geschwindigkeitskonstanten über die vorliegende Besetzung der Energiezustände. Die Verhältnisse $k^{(1)}(E)/k^{(2)}(E)$ [(1), (2): Molekül, markiert mit dem leichten (schweren) Isotop] nehmen in Abhängigkeit von der Anregungsenergie zum Teil beträchtliche Werte an, weisen ein oszillatorisches Verhalten auf und zeigen auch inverse Isotopieeffekte. Dieses Verhalten verschwindet in den Konstanten $\langle k(E)\rangle$ weitgehend.

Anhand der Systeme NO_2, SO_2, CO_2, welche die Bedingungen für eine erfolgreiche Anwendung des statistischen Modells erfüllen, wird ein Eindruck von den Isotopieeffekten (^{14}N, ^{15}N; ^{16}O, ^{18}O; ^{32}S, ^{34}S; ^{12}C, ^{13}C) in den spezifischen Geschwindigkeitskonstanten vermittelt. Diese Größen können bei der Aufklärung von Reaktionsmechanismen bei spezifischer Anregung und bei der Auswahl von Systemen für die Isotopentrennung Anwendung finden. Es handelt sich allerdings um Rechnungen am isolierten Molekül und Rechnungen ohne Berücksichtigung der Wechselwirkung der Dissoziationsprodukte auf der abstoßenden Potentialfläche für dieselben. Die Isotopieeffekte in den spezifischen Geschwindigkeitskonstanten, berechnet mit dem statistischen Modell, stellen untere Grenzwerte dar, wie diese sich im Rahmen der Multiphotonendissoziation bei vollständiger Thermalisierung im Molekül ergeben.

Die Rechnungen werden im Rahmen der Theorie des aktivierten Komplexes unter Verwendung des Prinzips der minimalen Zustandsdichte durchgeführt [1–3].

2. Berechnung der spezifischen Zerfallskonstanten im Rahmen des Prinzips der minimalen Zustandsdichte

Die spezifischen Zerfallskonstanten $k(E)$ (Dissoziationswahrscheinlichkeiten in Abhängigkeit von der Anregungsenergie E) sind in dem genannten Rahmen durch das Verhältnis

$$k(E) = \frac{W^{\neq}(E - E_0)}{h\varrho(E)} \qquad (1)$$

bestimmt. Dabei bezeichnet $W^{\neq}(E - E_0)$ die Zahl der Quantenzustände des Moleküls im aktivierten Komplex, in denen die Überschußenergie $E - E_0$ auf den Molekülrest außerhalb der Reaktionskoordinate q verteilt ist (E_0: Dissoziationsenergie); $\varrho(E)$ ist die Zustandsdichte für das Molekül vor dem aktivierten

[1]) Anschrift: 705 Leipzig, Permoserstr. 15

Komplex, d. h. die Zahl der Quantenzustände des Moleküls im Intervall $(E, E + \mathrm{d}E)$, dividiert durch $\mathrm{d}E$. Nach dem Prinzip der minimalen Zustandsdichte ergibt sich die Lage des aktivierten Komplexes $q^{\neq}$ aus der Bedingung

$$\frac{\partial \varrho(E, q)}{\partial q} = 0 \tag{2}$$

$\varrho(E, q)$ bedeutet die lokale Zustandsdichte entlang der Reaktionskoordinate. Die Zustandsdichte $\varrho(E)$ im Nenner von Gl. (1) erhält man aus $\varrho(E, q)$ durch Integration:

$$\varrho(E) = \int_{q_{\min}}^{q^{\neq}} \varrho(E, q) \, \mathrm{d}q \tag{3}$$

($q_{\min}(E)$ ist der kleinste bei der Energie E zugängliche Wert von q.)

Die lokale Zustandsdichte $\varrho(E, q)$ ist durch

$$\varrho(E, q) \, \mathrm{d}q = \frac{d}{\mathrm{d}E} \begin{pmatrix} \int \cdots \int \mathrm{d}q_1 \, \mathrm{d}p_1 \, \mathrm{d}q_2 \, \mathrm{d}p_2 \ldots \dfrac{\mathrm{d}q_s \, \mathrm{d}p_s}{h^s} \\ q \leqq q_1 \leqq q + \mathrm{d}q \\ 0 \leqq E(q_1, \ldots, q_s) \leqq E \end{pmatrix} \tag{4}$$

bestimmt. Nach Integration entlang der Reaktionskoordinate q_1 und Abtrennung des dazugehörigen Impulses p_1 von den übrigen Koordinaten $2, \ldots, s$ drückt sich die lokale Zustandsdichte durch die Zahl der Quantenzustände des Molekülrests W_{Rest}, bzw. durch die Zustandsdichte des Molekülrests aus:

$$q(E, q) = \frac{d}{\mathrm{d}E} \left(\int_{-\sqrt{2\mu(E - V(q))}}^{+\sqrt{2\mu(E - V(q))}} W_{\text{Rest}} \left(E - V(q) - \frac{p_1^2}{2\mu}, q \right) \frac{\mathrm{d}p_1}{h} \right) \tag{5}$$

$$= \frac{\sqrt{2\mu}}{h} \int_0^{E - V(q)} \varrho_{\text{Rest}}(E - V(q) - E_{\text{trans}}, q) \frac{\mathrm{d}E_{\text{trans}}}{\sqrt{E_{\text{trans}}}}$$

$$(E_{\text{trans}} = p_1^2/2\mu) \, . \tag{6}$$

$V(q)$ ist die potentielle Energie entlang der Reaktionskoordinate. Der Ort des Minimums der lokalen Zustandsdichte, ausgedrückt durch $q^{\neq}$, fällt im allgemeinen nicht mit der Lage der Zentrifugalmaxima im Potential der rotierenden Moleküle zusammen. Das isolierte Molekül muß nach Passieren des genannten Minimums wegen der Erhaltung des Drehimpulses auch noch die Zentrifugalbarriere überwinden können, damit es zum Zerfall kommt. Das Potential $V(q)$ ist daher durch das effektive Potential

$$V_{\text{eff}}(q, J) = V(q, J = 0) + E_{\text{rot}}(q, J) \tag{7}$$

zu ersetzen, und die Anregungsenergie E ist unter Einschluß der Rotationsenergie E_{rot} zu verstehen. Für jeden Rotationszustand ergibt sich eine spezifische Zerfallskonstante $k(E, J)$ mit einer effektiven Dissoziationsneregie $E_0(J)$. Das Molekül wird als symmetrischer Kreisel angenommen.

Die lokale Zustandsdichte ϱ_{Rest} wird näherungsweise in der Form

$$\varrho_{\text{Rest}}(E - V(q) - E_{\text{trans}}, q) \cong \frac{[E - V(q) - E_{\text{trans}} + E_{\text{Z, Rest}}(q)]^{s-2}}{(s-2)! \prod_{i=2}^{s} \varepsilon_i(q)} \tag{8}$$

berechnet [4] (Molekülrest: System aus $2, \ldots, s$ harmonischen Oszillatoren). Die $s - 1$ Schwingungsenergiequanten $\varepsilon_i(q)$ der Normalschwingungen des Molekülrests hängen von der Auslenkung der Reaktionskoordinate q ab. $E_{\text{Z, Rest}}$ ist die Nullpunktschwingungsenergie des Molekülrests.

Für nichtlineare dreiatomige Moleküle ergibt sich für $\varrho(E, q)$ [3]:

$$\varrho(E, q) = \frac{\sqrt{2\mu}}{h\varepsilon_2(q) \, \varepsilon_3(q)} \left[\frac{4}{3} (E - V(q))^{3/2} + (\varepsilon_2(q) + \varepsilon_3(q)) \, (E - V(q))^{1/2} \right] \tag{9}$$

Die Lage des Minimums der lokalen Zustandsdichte $\varrho(E, q)$ wird durch die Kopplung der Reaktionskoordinate q mit den Normalkoordinaten des Molekülrests bestimmt, ausgedrückt durch die q-Abhängigkeit der Schwingungsenergiequanten $\varepsilon_i = \varepsilon_i(q)$. Die Zahl der Quantenzustände $W^{\neq}(E - E_0)$ wird durch Abzählen ermittelt (siehe Abschnitt 4).

3. Potentialfunktionen

Für die Potentialfunktion des Molekülrests wird ein BEBO-Potential-Ansatz gemacht (bond energy — bond order — Methode [5]). Die Winkelschwingungsenergiequanten $\varepsilon_2(q)$ stellen sich danach in der Form

$$\varepsilon_2(q) \cong \varepsilon_2(q) \, n^{1/2} \tag{10}$$

dar (q_e: Gleichgewichtsabstand im undissoziierten Molekül; n: Bindungsordnung $n = 10^{-\frac{q - q_e}{\alpha}}$). Die zu den antisymmetrischen Streckschwingungen gehörenden Energiequanten ε_3 hängen nur schwach von q ab und werden durch Interpolation bestimmt:

$$\varepsilon_3(q) \cong \varepsilon_3(q \to \infty) + [\varepsilon_3(q_e) - \varepsilon_3(q \to \infty)] \, n^{1/2} \tag{11}$$

Das Potential $V(q, J = 0)$ wird in der Form des *Morse*-Potentials angesetzt:

$$V(q, J = 0) = E_0^*(J = 0) \, [1 - \exp(-\beta(q - q_e))]^2 \tag{12}$$

Der Parameter β wird aus der Kraftkonstante k_q der Streckschwingung in Richtung der aufzubrechenden Bindung und der Bindungsenergie E_0^* berechnet:

$$\beta = \sqrt{k_q / 2E_0^*} \, . \tag{13}$$

($E_0^* = E_0(J = 0) + \varepsilon_1/2$; ε_1: Schwingungsenergiequant der Normalschwingung in Richtung der Reaktionskoordinate).

Tab. 1 enthält die verwendeten Molekülparameter. Die Schwingungsfrequenzen der isotopensubstituierten Moleküle wurden mit der FG-Matrix-Methode berechnet [6].

Tab. 1. Molekülparameter

	NO_2	SO_2	CO_2
ω_{1e}, cm^{-1}	1357,8	1151	1337
ω_{2e}, cm^{-1}	756,8	524	667
ω_{3e}, cm^{-1}	1665,5	1361	2349
E_0, kcal/mol	71,86	131,3	125,8
β, Å^{-1}	3	2,3	3
r_{XY-Z}, Å	1,197	1,432	1,162
∢ XYZ	134°15′	120°	180°
I_C 10^{-39}, gcm^2	6,8104	9,5426	7,1716
α	0,55	0,63	0,55
	NO	SO	CO
ω_e, cm^{-1}	1903,6	1105	2143,2

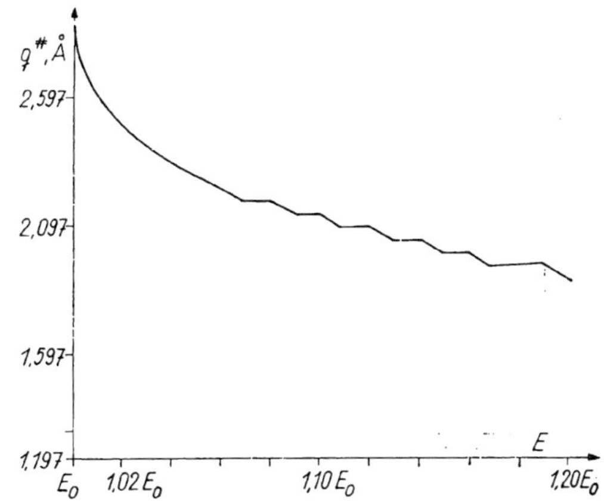

Abb. 1. Lage des aktivierten Komplexes $q^{\neq}(E)$ (minimale Zustandsdichte) für NO_2 in Abhängigkeit von der Anregungsenergie (E_0 = 71,86 kcal/mol; J = 0)

Zur Bestimmung des Zentrifugalpotentials wurden die Moleküle NO_2 und SO_2 als linearer Rotator angenähert und

$$E_{\text{rot}}(q, J) \cong \frac{J(J+1)\,\hbar^2}{2I_C(q, q_{2e}, q_{3e})} \tag{14}$$

gesetzt. Das Trägheitsmoment wurde nach [7] berechnet, so daß sich E_{rot} näherungsweise zu

$$E_{\text{rot}}(q, J) \cong E_{\text{rot}}(q_e, J)\,[q_e/(q_e + 0{,}54(q - q_e))]^2 \tag{15}$$

ergibt.

Die Abb. 1 zeigt schließlich für das NO_2-Molekül die Auslenkungen $q^{\neq}$ der Reaktionskoordinate q, bei denen in Abhängigkeit von der Anregungsenergie E die lokale Zustandsdichte ein Minimum annimmt.

4. Verhältnisse spezifischer Zerfallskonstanten für Paare isotopensubstituierter Moleküle

Die lokalen Zustandsdichten $\varrho(E, q)$ weisen nur für Anregungsenergien wenig oberhalb der effektiven Dissoziationsenergie Minima auf, so daß die Zerfallskonstanten $k(E)$ nur für derartige Energien über die Beziehung (1) bestimmt werden können [3] (vgl. die in den Abb. 1–11 aufgeführten Anregungsenergien).

Die Zahl der Quantenzustände des Molekülrests im aktivierten Zustand $W^{\neq}(E - E_0(J))$ wird in der Form

$$W^{\neq}(E - E_0(J)) \cong 2 \sum_{i=0}^{i_{\max}} (E - E_0(J) - i\varepsilon_3(q^{\neq}))/\varepsilon_2(q^{\neq}) \tag{16}$$

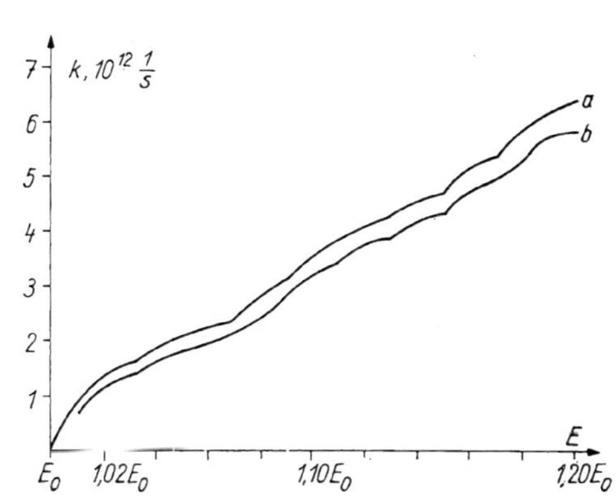

Abb. 2. Spezifische Zerfallskonstanten $k(E)$ für NO_2 (J = 0) a: $^{14}N^{16}O_2$; b: $^{15}N^{18}O_2$

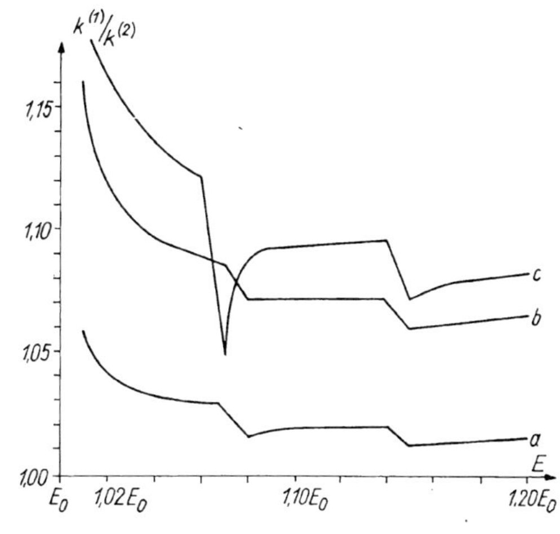

Abb. 3. Verhältnisse der spezifischen Zerfallskonstanten $k^{(1)}(E)/k^{(2)}(E)$ für NO_2 (J = 0) (E_0 = 71,86 kcal/mol)

(2): a: $^{15}NO_2$; b: $N^{18}O_2$; c: $^{15}N^{18}O_2$

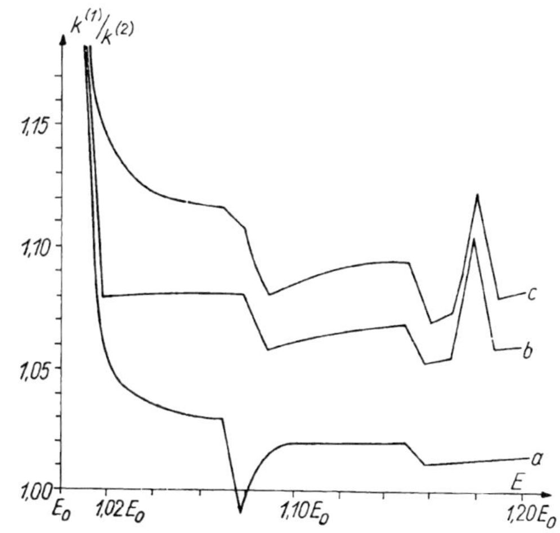

Abb. 4. Verhältnisse der spezifischen Zerfallskonstanten $k^{(1)}(E)/k^{(2)}(E)$ für NO_2 (J = 50)

(2) a: $^{15}NO_2$; b: $N^{18}O_2$; c: $^{15}N^{18}O_2$

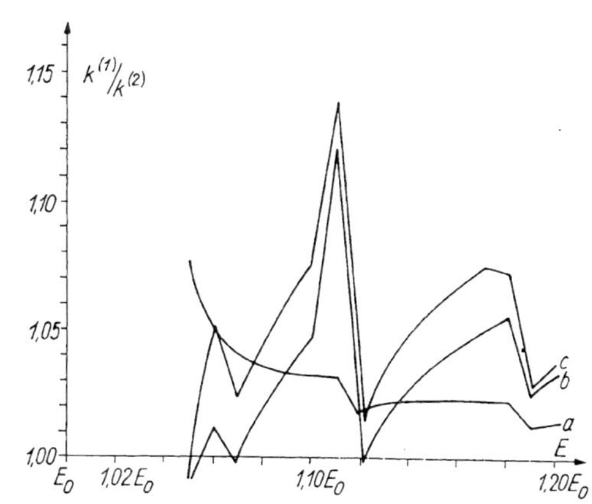

Abb. 5. Verhältnisse der spezifischen Zerfallskonstanten $k^{(1)}(E)/k^{(2)}(E)$ für NO_2 (J = 100)

(2) a: $^{15}NO_2$; b: $N^{18}O_2$; c: $^{15}N^{18}O_2$

berechnet $\left(i_{\max} \leqq (E - E_0(J))/\varepsilon_3\right)$. Nahe der Schwelle kann nur die Winkelschwingung angeregt werden. Der Faktor 2 berücksichtigt die Äquivalenz der Dissoziation der beiden O-Atome.

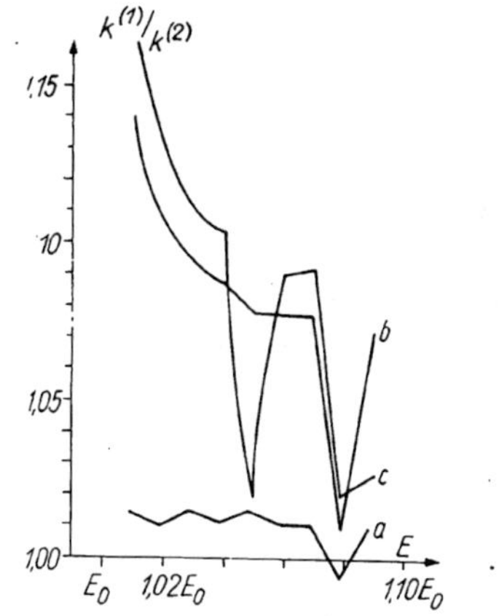

Abb. 6. Verhältnisse der spezifischen Zerfallskonstanten $k^{(1)}(E)/k^{(2)}(E)$ für SO_2 ($J = 0$) ($E_0 = 131{,}30$ kcal/mol)

(2): a: $^{34}SO_2$; b: $S^{18}O_2$; c: $^{34}S^{18}O_2$

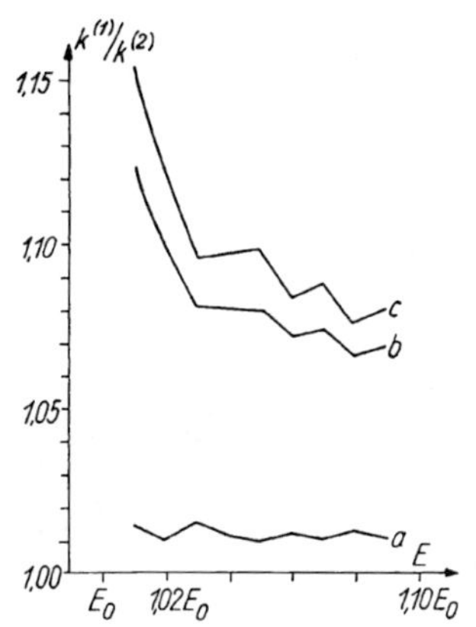

Abb. 7. Verhältnisse der spezifischen Zerfallskonstanten $k^{(1)}(E)/k^{(2)}(E)$ für SO_2 ($J = 50$)

(2): a: $^{34}SO_2$; b: $S^{18}O_2$; c: $^{34}S^{18}O_2$

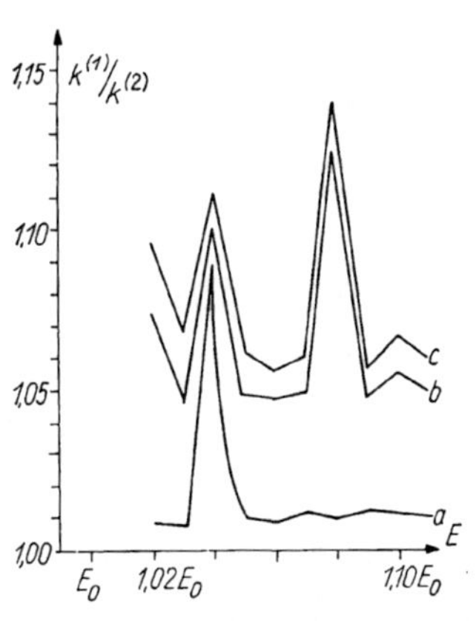

Abb. 8. Verhältnisse der spezifischen Zerfallskonstanten $k^{(1)}(E)/k^{(2)}(E)$ für SO_2 ($J = 100$)

(2): a: $^{34}SO_2$; b: $S^{18}O_2$; c: $^{34}S^{18}O_2$

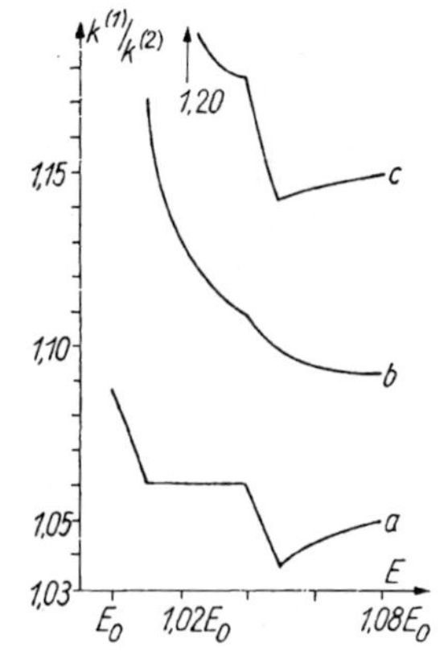

Abb. 9. Verhältnisse der spezifischen Zerfallskonstanten $k^{(1)}(E)/k^{(2)}(E)$ für CO_2 ($J = 0$) ($E_0 = 125{,}8$ kcal/mol)

(2): a: $^{13}CO_2$; b: $C^{18}O_2$; c: $^{13}C^{18}O_2$

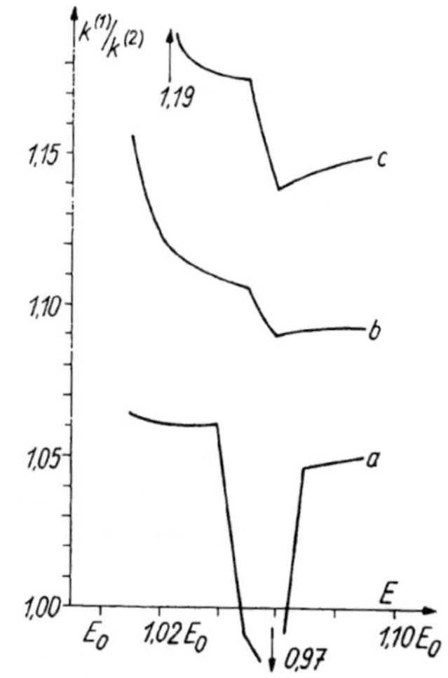

Abb. 10. Verhältnisse der spezifischen Zerfallskonstanten $k^{(1)}(E)/k^{(2)}(E)$ für CO_2 ($J = 50$)

(2): a: $^{13}CO_2$; b: $C^{18}O_2$; c: $^{13}C^{18}O_2$

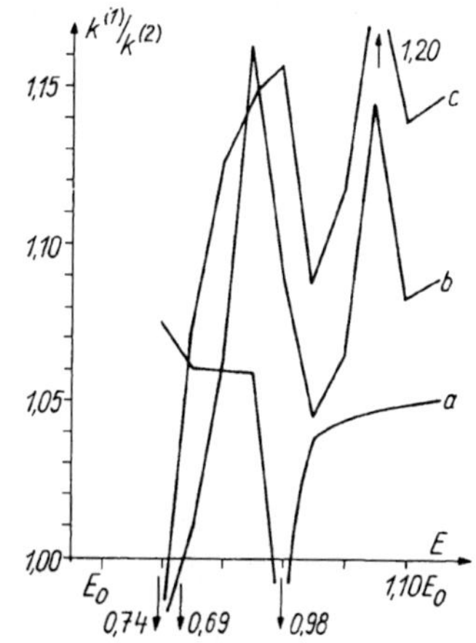

Abb. 11. Verhältnisse der spezifischen Zerfallskonstanten $k^{(1)}(E)/k^{(2)}(E)$ für CO_2 ($J = 100$)

(2): a: $^{13}CO_2$; b: $C^{18}O_2$; c: $^{13}C^{18}O_2$

Die Abb. 2 zeigt die auf diese Weise berechneten Zerfallskonstanten von $^{14}N^{16}O_2$ und $^{15}N^{18}O_2$. Das isotopensubstituierte Molekül $^{15}N^{18}O_2$ ist gewählt worden, um den Unterschied in den Zerfallskonstanten besonders deutlich hervortreten zu lassen. Die Anregungsenergie ist auf die Dissoziationsnergie $E_0(J = 0)$ des Moleküls $^{14}N^{16}O_2$ bezogen. In allen Abb. 1 bis 11 bedeutet E_0 die Dissoziationsenergie $E_0(J = 0)$ des jeweiligen unsubstituierten Moleküls. Die Kurve (b) für die Konstante $k(^{15}N^{18}O_2)$ beginnt erst bei Werten oberhalb $E_0(J = 0)$, da $^{15}N^{18}O_2$ eine größere Dissoziationsenergie $E_0(J = 0;\ 15;\ 18)$ besitzt als $^{14}N^{16}O_2$. Die Knicke in den Kurven rühren von der Summation in $W^{\neq}$ her.

Der Verlauf der berechneten $k(E)$-Kurven stimmt etwa bis auf den Faktor 2 mit experimentellen Befunden überein [3].

Die folgenden Abb. 3 bis 11 zeigen die Abhängigkeit der Verhältnisse der Zerfallskonstanten für je drei Paare isotopensubstituierter Moleküle von der Anregungsenergie und dem Drehimpulszustand, den das zu dissoziierende Molekül durch den Aktivierungsprozeß erhält. Dieser Rotationszustand wird während der Dissoziation beibehalten.

Es ist anzunehmen, daß die Verhältnisse der Zerfallskonstanten besser als die Konstanten selbst mit dem Experiment übereinstimmen, da sich die Fehler näherungsweise herauskürzen werden.

Die Knicke, Einschnitte und Oszillationen in den Kurven für die Verhältnisse $k^{(1)}(E)/k^{(2)}(E)$ sowie das Auftreten inverser Isotopieeffekte rühren von der Summation in $W^{\neq}$ und aus dem Oszillieren der Zustandsdichte $\varrho(E)$ her und liegen in der unterschiedlichen Größe der Schwingungsenergiequanten für Paare isotopensubstituierter Moleküle begründet. Das wird besonders deutlich, wenn man die Kurven (a) mit den entsprechenden Kurven (b) und (c) vergleicht. Der reaktionskinetische Isotopieeffekt ist natürlich dicht oberhalb der Dissoziationsenergie des unsubstituierten Moleküls sehr groß, da die isotopensubstituierten Moleküle eine höhere Dissoziationsenergie aufweisen. Mit ansteigender Anregungsenergie nehmen die Isotopieeffekte (als Quanteneffekte) ab.

Bei höheren Rotationszuständen und damit einer höheren (effektiven) Dissoziationsenergie verstärkt sich das Oszillieren der Verhältnisse $k^{(1)}(E)/k^{(2)}(E)$, d. h., der Quantencharakter der zu dissoziierenden Systeme wird ausgeprägter. Da die Zentrifugalbarriere für die schwereren Moleküle (2) niedriger ist als für die leichten (1), kommt es insbesondere für niedrige Anregungsenergien zu inversen, bzw. geringen Isotopieeffekten. Zusätzliche Rotationsanregung führt aber auch zum Auftreten größerer Isotopieeffekte, insbesondere auch für die Paare $^{14}N/^{15}N$, $^{32}S/^{34}S$, $^{12}C/^{13}C$. Bei gezielter Anregung mit einer Anregungsenergie geringer Schwankungsbreite können daher selbst bei vollständiger innermolekularer Thermalisierung beträchtliche Isotopieeffekte erzielt werden.

Eingegangen am 8. 8. 1978

Literatur

[1] *D. L. Bunker, M. Pattengill*, J. Chem. Phys. 48 (1968) 772
[2] *W. H. Woeng, R. A. Marcus*, J. Chem. Phys. 55 (1971) 5625
[3] *H. Gaedtke, J. Troe*, Ber. Bunsenges. physik. Chemie 77 (1973) 24
[4] *J. Troe*, in: Physical Chemistry, An Advanced Treatise, Vol. VI (ed. *W. Jost*), Academic Press ,New York
[5] *H. S. Johnsten*, Gas Phase Reaction Rate Theory, Ronald Press, New York 1966
[6] *E. B. Wilson*, jr., *J. C. Decius*, *P. C. Cross*, Molecular Vibrations, McGraw-Hill Book Comp., New York 1955
[7] *J. O. Hirschfelder*, J. Chem. Phy. 8 (1940) 431

Исследование зависимости дозы от энергии имплантации

А. Сабо, Я. Боганч, Ш. Деме, И. Мезеи, А. Надь

(Обьединенный институт ядерных исследований, Лаборатория нейтронной физики, Дубна)[1])

Было установлено, что доза, измеренная в процессе имплантации при помощи электрического метода, нереальна. Действительное количество бора, имплантированного в образец, которое было определено на основе ядерной реакции $^{10}B(n, \alpha)^7Li$ *— увеличивается с ростом энергии имплантации. Выше энергии 80 кэВ, доза, определенная электрическим и ядерно-физическим методами уже практически совпадает.*

(A 13) INIS DESCRIPTORS:

boron 10 beams; comparative evaluations; current density; energy dependence; ion dosimetry; ion implantation; keV range 10–100; neutron activation analysis

Введение

Известно, что определение концентрации и распределения бора в кремнии является важной задачей для полупроводниковой техники [1—3]. Использование ядерной реакции $^{10}B(n,\alpha)^7Li$ дает возможность для определения бора с большой чувствительностью [4—6].

На импульсном быстром реакторе ИБР-30 Лаборатории нейтронной физики ОИЯИ, Дубна, начиная с 1973 года, ведутся исследования по определению концентрации и распределения бора в различных образцах [7—16].

В настоящей работе сообщаются результаты, из которых следует, что доза имплантации (количество имплантированного бора) зависит от энергии имплантации.

Изготовление образцов и методика измерения

Образцы готовились в Отделе ионной имплантации ЦИФИ (Будапешт). Энергия имплантированных ионов тации, которая была определена в ходе процесса имплантации измерением тока и времении, составляла 1000 и 2000 *мкКл* · *см*$^{-2}$ (1 *мкКл* = 6,25 · 10^{12} атом, в случае однозарядного иона бора). Поверхность тонких кремниевых образцов была 3,5—10,0 *см*^{2}, а толщина 200—300 μ.

Измерения содержания бора были выполнены на втором канале ИБР-30, на расстоянии от активной зоны приблизительно 15 *м*. Поток тепловых нейтронов составлял около 10^6 н *см*$^{-2}$ *сек*$^{-1}$. Количественное определение бора проводилось сравнением с эталонами. Эталоны были получены нами из соединения $(C_5B_9H_{11})_2$ CoCs.

Каждый образец измерялся минимально в 3 раза. Время измерения одного образца было приблизительно 10—20 часов. Расхождение между параллельными измеренинми обычно не превышало 15 %. Дисперсия определялась по формуле:

$$S = \sqrt{\frac{\Sigma\,(x_i - \bar{x})^2}{n-1}}.$$

[1]) Anschrift: UdSSR-141980 Dubna, Mosk. obl.

Табл. 1. Результаты, полученные при измерении образцов, доза имплантации которых — по электрическому методу — была 1000 и 2000 *мкКл* · *см*$^{-2}$

Место изготовления образцов	Доза имплантации, определенная по электрическому методу D_E (10^{15} *атом* · *см*$^{-2}$)	Энергия имплантации E_i(*кэВ*)	Доза, определенная ядерно-физическим методом D_N (10^{15} *атом* · *см*$^{-2}$)	D_N/D_E	Доза, определенная по формуле: $D(E) = c_1(1 - e^{-c_2 E_i}) \times D'_N$ (10^{15} *атом* · *см*$^{-2}$)	D'_N/D_E
ЦИФИ	6,25	20	1,9 ± 0,2	0,30 ± 0,03	1,9	0,30
	6,25	40	3,4 ± 0,3	0,55 ± 0,05	3,2	0,51
	6,25	60	3,6 ± 0,3	0,58 ± 0,05	4,1	0,66
	6,25	80	5,7 ± 0,3	0,91 ± 0,05	4,8	0,77
	12,5	20	6,4 ± 0,4	0,51 ± 0,03	5,5	0,44
	12,5	25	6,2 ± 0,4	0,50 ± 0,03	6,4	0,51
	12,5	40	8,1 ± 0,5	0,65 ± 0,04	8,5	0,68
	12,5	40	8,8 ± 0,5	0,70 ± 0,04	8,5	0,68
	12,5	60	8,5 ± 0,4	0,68 ± 0,03	10,3	0,82
	12,5	80	11,5 ± 0,5	0,92 ± 0,04	11,2	0,90
	12,5	80	13,0 ± 0,5	1,04 ± 0,04	11,2	0,90
ИАЭ	12,5	20	5,5 ± 0,4	0,44 ± 0,03	4,6	0,37
	12,5	40	7,1 ± 0,4	0,57 ± 0,03	7,6	0,61
	12,5	60	8,5 ± 0,4	0,68 ± 0,03	9,4	0,75
	12,5	80	10,3 ± 0,4	0,82 ± 0,03	10,5	0,84

($^{10}B^+$, BF_2^+) варьировалась от 20 до 80 *кэВ*. Доза имплан-Математическая обработка проводилась на вычислительной машине CDC-6500.

Результаты измерений

В табл. 1 приводятся результаты, полученные при измерении образцов, доза имплантаций которых — по электрическому методу — была 1000 *мкКл* · *см*$^{-2}$, т. е. 6,25 · 10^{15} атом · *см*$^{-2}$, или 2000 *мкКл* · *см*$^{-2}$, т. е. 12,5 · 10^{15} атом · *см*$^{-2}$. D_E — доза, определенная электрическим методом, а D_N — доза, определенная нами, ядерно-физическим методом.

Обсуждение результатов

Результаты, приведенные в табл. 1, показывают, что при разных энергиях имплантации разница между значениями доз, определенными электрическими и ядерно-физическими методами, значительна. Чем больше энергия имплантации, тем меньше разница. При энергии 80 *кэВ*, результаты определения дозы ядерно-физического метода и электрического метода практически совпадают. Следовательно, действительная доза имплантированных ионов зависит от энергии имплантации. На наш взгляд экспериментальные результаты достаточно хорошо описываются следующей эмпирической формулой:

$$D(E_i) = + c_1(1 - e^{-c_2 E_i}),$$

где

D — доза (атом · *см*$^{-2}$)

E_i — энергия имплантации (*кэВ*)

c_1, c_2 — эмпирические константы.

Определение констант было сделано методом наименьших квадратов. Аналитическую зависимость дозы от энергии для результатов, приведенных в табл. 1, можно описать следующими формулами.

Для образцов, изготовленных в ЦИФИ, с дозой 1000 *мкКл* · *см*$^{-2}$:

$$D(E_i) = 6{,}25 \cdot 10^{15}\,(1 - e^{-0{,}018095\,E_i}) .$$

Для образцов, изготовленных в ЦИФИ, с дозой 2000 *мкКл* · *см*$^{-2}$:

$$D(E_i) = 12{,}5 \cdot 10^{15}\,(1 - e^{-0{,}028664\,E_i}) .$$

Для образцов, изготовленных в ИАЭ, с дозой 2000 *мкЛКл* · *см*$^{-2}$:

$$D(E_i) = 12{,}5 \cdot 10^{15}\,(1 - e^{-0{,}023159\,E_i}) .$$

Значения дозы (D'_N) для различных энергий имплантации, вычисленные по этим формулам, видны в табл. 1.

По данным табл. 1 можно установить, что при энергии 80 *кэВ* разница между дозами, определенными электрическими и ядерно-физическими методами, становится незначительной.

Для проверки результатов были сделаны следующие контрольные измерения:

1. В ИАЭ им. Курчатова были приготовлены образцы с разной энергией имплантации. Поверхность кремниевых образцов была 2,0—6,0 *см*^{2}, а толщина 500—600 μ. Доза, определенная во время имплантации по электрическому методу, составляла у всех образцов 2000 *мкКл* · *см*$^{-2}$. Результаты этих измерений (табл. 1) показывают подобный ход зависимости дозы от энергии имплантации, что подтверждает наши выводы.

2. Измерения поверхностного сопротивления (R_s) образцов, полученных в ИАЭ им. Курчатова, тоже подтверждают наши выводы о зависимости дозы от энергии имплантации, так как $1/R_s$ прямо пропорционально количеству электрически активного бора. Измерения сопротивления были выполнены в ЦИФИ. Результаты этих измерений показывает табл. 2.

Табл. 2. Результаты измерений сопротивления

E_i(*кэВ*)	R_s($\Omega/\square$)
20	37 ± 1
40	27 ± 1
60	26 ± 1
80	20 ± 2

3. Те образцы, доза имплантации которых составляла 1000 *мкКл* · *см*$^{-2}$, были посланы в Ржеж (Институт ядерной физики, ЧССР), где также занимаются определением бора [17, 18]. По сообщению тов. Квитека доза составляла в случае 20 *кэв* 39%, при энергии 40 *кэВ* 74% той дозы, которая была определена в случае 60 *кэВ*. (Об образце, где энергия имплантации была 80 *кэВ*, мы не получили информации).

4. В отделе ионной имплантации ЦИФИ специально для исследования этого эффекта были изготовлены кремниевые образцы с дозой (по электрическому методу) 2000 *мкКл* · *см*$^{-2}$ и энергией имплантации 20 и 80 *кэВ*. По нашим ядерно-физическим измерениям доза, определенная в случае энергии 20 *кэВ*, была 55 ± 8% дозы, определенной при энергии 80 *кэВ*.

5. В ИАЭ им. Курчатова тоже были специально для исследования этой зависимости изготовлены кремниевые образцы с дозой 2000 *мкКл* · *см*$^{-2}$ и энергией 20 и 80 *кэВ*. Действительное количество бора при энергии 20 *кэВ* составляло 51 ± 5% количества, определенного при энергии 80 *кэВ*.

Объяснить эффект зависимости дозы от энергии имплантации в данный момент затруднительно. Заметим еще, что на наш взгляд в какой-то мере и доза имплантации влияет на величину D_N/D_E.

Коротко суммируя наши результаты, можно сказать, что доза, измеренная в процессе имплантации при помощи электрического метода, нереальна. Действительное количество бора, имплантированного в образец, увеличивается с ростом энергии имплантации. Выше энергии 80 *кэВ* доза, определенная электрическим и ядерно-физическими методами уже практически совпадают.

Авторы выражают благодарность товарищам *Й. Дюлаи* (Отдел ионной имплантации, ЦИФИ) и *В. Титову* (Отдел ионной имплантации ИАЭ) за оказанную помощь в изготовлении образцов, и *Й. Квитеку* (Ржеж) за проведение контрольных измерений на образцах с дозой 1000 *мкКл* · *см*$^{-2}$.

Поступила в редакцию 5/VI, 1978 г.

Литература

[1] *N. G. Blamires, M. D. Matthews, R. S. Nelson*, Physics Letters **28** (1968) 178

[2] *D. Eirug Davies*, Appl. Phys. Lett. **13** (1968) 243

[3] *J. F. Ziegler, G. W. Cole, J. E. E. Baglin*, Appl. Phys. Lett. **21** (1972) 177

[4] *J. F. Ziegler, B. L. Crowder, G. W. Cole, J. E. E. Baglin, B. J. Masters*, Appl. Phys. Lett. **21** (1972) 16

[5] *M. Lelental*, Analytical Chemistry **44** (1972) 1270

[6] *J. F. Ziegler, G. W. Cole, J. E. E. Baglin*, J. Appl. Phys. **43** (1972) 3809

[7] *Я. Боганч, Ш. Деме, Й. Дюлаи, А. Надь, В. М. Назаров, А. Чеке, Ю. С. Язвицкий*, Препринт ОИЯИ, Р14–8295, Дубна 1974

[8] *Я. Боганч, Й. Дюлаи, А. Надь, В. М. Назаров, З. Шереш, А. Сабо*, Препринт ОИЯИ, Р3–10777, Дубна 1977

[9] *Я. Боганч, Й. Дюлаи, А. Надь, В. М. Назаров, З. Шереш, Ю. С. Язвицкий*, Isotopenpraxis **11** (1975) 429

[10] *Á. Nagy, J. Bogáncs, A. Csöke, S. Deme, J. Gyulai, J. Sz. Jazvickij, E. Laskova, V. M. Nazarov, M. Szalók, Z. Seres*, Izotoptechnika **20** (1977) 53

[11] *Á. Z. Nagy, J. Bogancs, J. Gyulai, A. Csöke, V. Nazarov, Z. Seres, A. Szabo, Yu. Yazvitsky*, J. Radioan. Chem. **38** (1977) 19

[12] *Я. Боганч, Ш. Деме, Й. Дюлаи, А. Надь, В. М. Назаров, А. Чеке, Ю. С. Язвицкий*. Международная конференция по внедрению ионов в полупроводники. Люблин, 9–12 сентября 1974, ПНР

[13] *А. Надь, Я. Боганч, Ш. Деме, Й. Дюлаи, В. М. Назаров*, Internationale Tagung: Nukleare Analysenverfahren, 12–16 Mai, 1975 Dresden, DDR

[14] *J. Bogáncs, J. Gyulai, A. Nagy, V. Nazarov, Z. Seres, A. Szabó, Yu. Yazvitsky*, International Conference: Modern Trends in Activation Analysis, 13–17 Sept., 1976, München, FRG

[15] *Я. Боганч, А. Сабо*, IV Всесоюзное совещание по активационному анализу, 1–3 июня 1977, Тбилиси, СССР

[16] *A. Szabó*, Internationale Conference on Atomic Spectroscopy. Prague, 30. 8.–7. 9. 1977, Czechoslowakia

[17] *Й. Квитек*, II. Совещание по использованию новых ядерно-физических методов для решения научно-технических и народно-хозяйственных задач. 1–4. декабря, 1975, Дубна, СССР

[18] *J. Kvitek, V. Hnatowicz, P. Kotas*, Radiochem. Radioanal. Lett. **24** (1976) 205

Radioactive Ion Implantation as a Tool for Wear Measurements

C. Bagger, G. Sørensen***

* Risø National Laboratory, Metallurgy Department. Roskilde; ** Institute of Physics University of Aarhus,)[1])

The present paper deals with ion implantation of radioactive krypton ions in surfaces with aim of measuring wear of different magnetic materials in sound-heads.
The techniques is especially suited for a relatively fast comparison of wear-characteristics of materials of varying composition in small inaccessible areas.
In the present case utilisation of a 60 KeV accelerator allows determination of a total wear as small as 0·05 μm with an accuracy of 10%. Further the technique yields information of the time dependence of the wear process with an accuracy less than 0·001 μm.

(D 24) INIS DESCRIPTORS:

accuracy; ion implantation; krypton 85; krypton ions; labelling; magnetic materials; measuring methods; tracer techniques; wear

1. Introduction

In situ, localized measurements of the wear of a surface are important for the understanding of the wear problem. In some cases, micrometer or weight-loss measurements may be sufficiently accurate, but on large or inaccessible objects, they are inadequate. *Niiler* and *Caldwell* [1] have recently reported on the application of proton-induced radioactivity to measurement of erosion wear with a wear-loss resolution of 0·25 μm.

The present study deals with a technique for wear measurements to sub-micron accuracies, which can be applied to any material composition and which is particularly usefull in fast measurements of the wear loss from a small inaccessible area. The technique consists in radioactive labelling of a surface to a known depth and with a known depth profile. During the wear process, the residual radioactivity was measured at discrete intervals, thus yielding information about total wear losses as well as the time dependence of the wear.

2. Experimental

The samples in the present study consisted of sound heads used in cassette tape recorders. As shown in Fig. 1a and 1b, a typical sound head has small dimensions and a curved contact surface to the tape. The dimensions of the contact surface to the tape of each of the two magnets are appr. 1 mm × 8 mm. It was decided to measure the wear characteristics of an area of 0·6 mm × 1 mm at the gap on one of the magnets (Fig. 1a). Radioactive labelling of the area was performed with ^{85}Kr for two reasons: (i) The self-absorption of the 0·51-MeV gamma radiation with the material dimensions involved would be negligible; (ii) The inertness and the gaseous state of Kr when removed from the sound head during the wear process was expected to minimize the problem of build-up of radioactivity on the tape and in the tape recorder.

In the evaluation of the data, it was assumed that the ^{85}Kr embedded in the solids does not diffuse. At the temperatures relevant for the experiments, no significant diffusion of ^{85}Kr in solids has been observed in range studies [6].

A mixture of krypton isotopes, including ^{85}Kr, was introduced into the ion source of the 60-keV Aarhus University isotope separator. The electromagnetic isotope separation is shown schematically in Fig. 2.

The position of the ^{85}Kr beam relative to the *Faraday* cup was determined by placing a collector plate on a radiation-sensitive film in order to determine the dimensions and the position of the radioactive beam. The insert in Fig. 2 shows an autoradiograph of the collector plate, also indicating the distance from the edge of the *Faraday* cup to the position of the radioactive beam. All

[1]) Adresses: *) DK-4000 Roskilde, Denmark; **) DK-8000 Aarhus C, Denmark

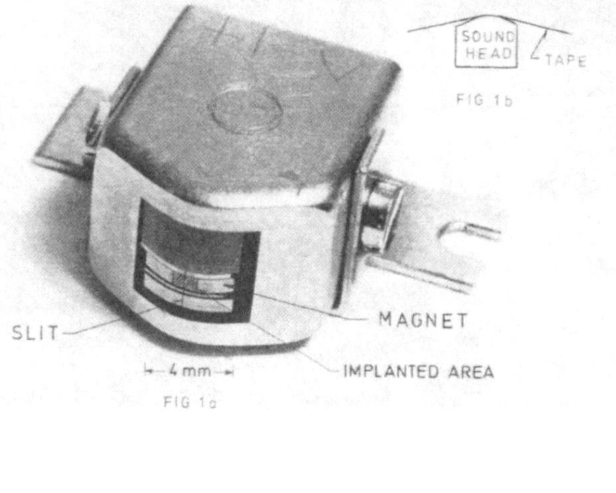

Fig. 1. Sound-head

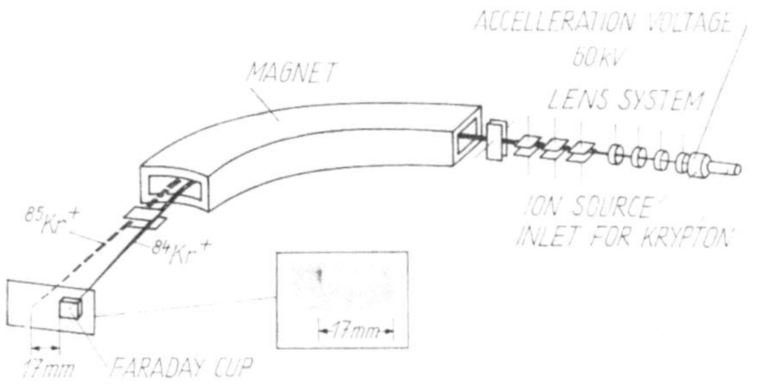

Fig. 2. Principle of ion implantation with an electromagnetic isotope separator

Insert: autoradiograph of collector plate in order to determine position of radioactive beam

the samples to be labelled were covered with a mask (tantalum foil; thickness 0·1 mm, hole dimensions 0·6 mm × 1 mm) and placed successively in the vacuum chamber of the isotope separator. The selected area was then labelled with radioactivity (app. 1 μ Ci) The sound heads were mounted in casette tape recorders and the wear measurement was carried out by playing each recorder with intermittent determination of the residual radioactivity. The tape was changed every 10 h of operation. Determination of the residual radioactivity was made by placing the complete recorder in a lead-shielded chamber in a well-defined position. The 0·51-MeV gamma count rate was measured by a 3 × 3-inch NaI(Tl) crystal connected through a single channel analyzer to a counter/timer system. The measurement was corrected for background and after the experiment, all sound heads were removed from the recorders; a subsequent gamma-counting showed that no radioactivity has been accumulated in the recorders.

Range distributions of ions in the keV range implanted into solids has been the subject of several experimental and theoretical studies. Good agreement has been found between experimental results and the theoretical estimates of *Lindhard* et al. [2] and *Schiøtt* [3, 4]. For each magnet material, the projected range according to [2] was calculated. From this range parameter, the range corresponding to 50% of the implanted ^{85}Kr radioactivity was evaluated. In tabl. 1, the composition of the magnet materials, A, A*, B and C is tabulated as well as the depths beneath the sample surface corresponding to 50% and 10% of the implanted radioactivity. The uncertainty is assumed to be approximately 10% or even better on a relative scale. The range may be increased by increasing the accelerating voltage, which might be of importance for softer materials.

Tab. 1.

Magnet Material	Chemical Composition in per cent	Depth in nanometer at 50% residual ^{85}Kr	Depth in nanometer at 10% residual ^{85}Kr
A, A* Alfesil	Fe 85% Si 9·5% Al 8·5%	21	50
B Ferrite	Fe_2O_3 50–60% MnO 25–35% NbO 15–25%	23	53
C (superperm-alloy)	Fe 17% Ni 79% Mo 4%	20	48

Tab. 2. Rate of wear (nm/h)

Sample designation		Total wear time, h		
		0	10	20
A	1	2·4	1·6	0·12
	2	1·6	1·2	0·2
A*	3	6·0	0·15	0·03
B	4	1·9	0·9	0·2
	5	6·0	1·0	0·2
	6	3·0	3·0	0·4
C	7	3·0	1·7	0·2
	8	5·0	2·5	0·2

Assuming a *Gaussian* distribution, the depth beneath the surface was calculated for all measuring points. For each time interval, the rate of wear as function of total wear time was evaluated. In tabl. 2 are shown the wear characteristics for the first 20 h of wear for materials A, A*, B and C. Material A* is identical to material A but a surface nitridation process has been applied. The rate of wear per hour for each type of material as a function of time is shown in fig. 4.

For all types of samples, duplicate measurements have been performed, and the agrrement was satisfactory. However, in some duplicates, one measurement showed a considerably increased wear compared to the other. In these cases, autoradiographs showed that the labelling was off-center. This means that a small part of the surface of the soft magnet embedding material has been labelled erroneously.

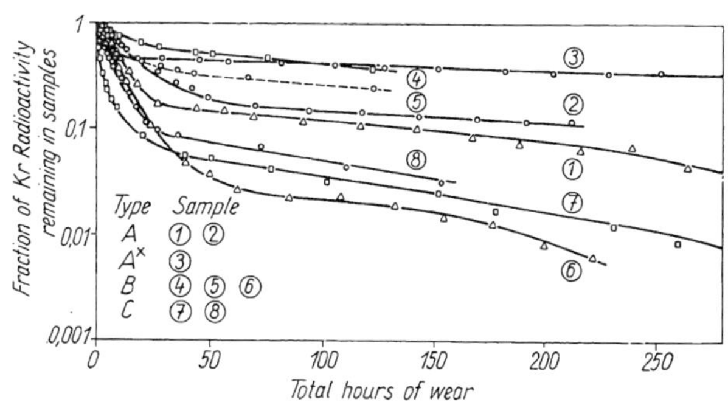

Fig. 3. Residual fraction of radioactivity measured as 0·51-MeV, gamma-ray remaining in sound-heads (samples 1 – 8) after a certain period of wear

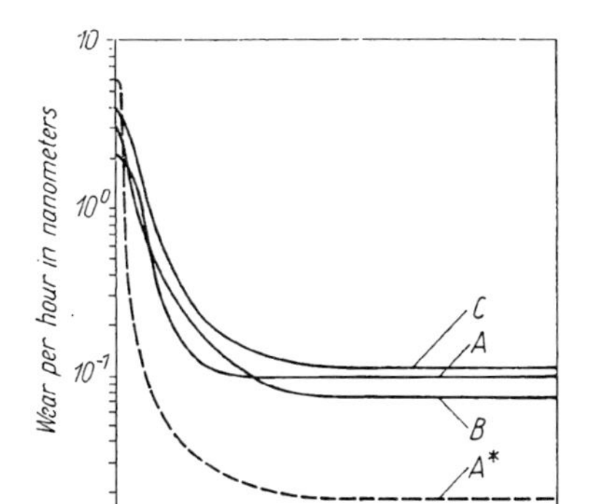

Fig. 4. Time dependence of wear in nanometers (nm) per hour for various types of sound-head material

It has been attempted to exclude these geometrical effects so that the wear rate is representative for the magnet materials only.

For most of the samples the gamma measurements were terminated after 300 h of wear, at which time most of the radioactivity had been worn away. The wear test was continued until 1300 h of wear, at which time traditional profile measurements were carried out [5]. For type A*-material, however, even after 1300 h of wear, approximately 20% of the ^{85}Kr activity remained.

3. Discussion and Conclusion

The initial wear is quite different for sound heads containing the same kind of magnet material; this can be explained as being due to differences in sound-head geometry and surface treatment. The contact area to the tape and the tape angle to the surface of the sound-head are important parameters, the influence of which necessitates further investigation.

The results obtained in the study showed some discrepancies compared to traditional profile measurement made along a single line after 1300 h of wear [5]. By the present technique, however the wear is measured as an average for an area of a certain size. It is by no means certain that the wear is uniform all over the labelled area.

In the case of the A*-material the radioactivity found after 1300 h of wear differs less than 10% from the radioactivity to be expected from an extrapolation of the wear rate curve.

The present technique is useful, especially for measurement of wear of small, inaccessible objects. In combination with the autoradiograph technique, it can also be used in experiments where a more detailed study of the surface-transport processes is desireable.

Because of the small range of the radioactive implantation and the subsequent wear depth resolution which is better than 5 nm, averaged over the implanted area, the total time of wear required to produce the wear characteristics of a given material was decreased considerably compared to e.g. traditional profile measurements or proton activation methods.

The use of a radioactive noble gas for the implantation reduces the problem of build-up of the tracer in the area subjected to counting, thus giving the possibility of continuous measurements of the wear process. In cases where limitation upon the implantation range caused by the mass of the isotope is unacceptable it can be opposed by an increase in the acceleration voltage.

Acknowledgement

The authors acknowledge the cooperation of Bang & Olufson of Denmark and *J. Bjerglind*, who handled the ion implantations.

Received August 8, 1978

References

[1] *A. Niiler, S. E. Caldwell*, Nucl. Instr. Methods **138** (1976) 179
[2] *J. Lindhard, M. Scharff, H. E. Schiøtt*, Kgl. Danske Videnskab. Selskab, Mag. – Fys. Medd. **33** (1963) No. 14
[3] *H. E. Schiøtt*, Kgl. Danske Videnskab. Selskab, Mat.-Fys. Medd. **33** (1966) No. 9
[4] *H. E. Schiøtt*, Compilation on Range and Stragglings. Personal Communication
[5] *J. S. Jensen*, Contribution to the Audioengineers Society (AES) convention, Hamburg 1978
[6] *G. Rickers, G. Sørensen*, phys. stat. sol. **32** (1969) 597

Isotopenverdünnungsanalytische Multielementanalyse mit der Funkenquellen-Massenspektrographie

H.-J. Dietze

(Zentralinstitut für Isotopen- und Strahlenforschung der AdW der DDR, Leipzig)[1])

Es wird ein Verfahren zur Isotopenverdünnungsanalyse mit stabilen Isotopen unter Verwendung einer Funkenionenquelle und einem doppelfokussierenden Massenspektrographen beschrieben, welches die gleichzeitige Analyse mehrerer Elemente in pulverförmigen Feststoffen erlaubt.
Die Leistungsfähigkeit des Analysenverfahrens wird am Beispiel der Spurenanalyse geologischer Standardproben demonstriert. Das Analysenverfahren erlaubt die Bestimmung von Spurenkonzentrationen bis in den ppb-Bereich mit Standardabweichungen zwischen 2 und 10%.

(B 11) INIS DESCRIPTORS:

accuracy; calibration standards; copper; dysprosium; erbium; europium; iron; isotope dilution; mass spectroscopy; multielement analysis; neodym; performance; rocks; samarium; strontium; titanium; trace amounts; zinc; zirconium

1. Einleitung

Zur Spurenanalyse an Feststoffen im ppm- und ppb-Bereich stehen eine Reihe von verschiedenen Analysenverfahren zur Verfügung, von denen die physikalischen Analysenmethoden wie die Neutronenaktivierungsanalyse, Atomspektroskopie mit ihren verschiedenen Ausführungsformen und massenspektroskopische Analysenverfahren am geeignetsten sind.

Neben der Funkenquellen-Massenspektrographie, einem Übersichtsanalysenverfahren mit hohem Nachweisvermögen für alle Elemente, besitzt die Isotopenverdünnungsanalyse mit stabilen Isotopen (IVA) für die Spurenanalyse ausgewählter Spurenelemente eine zunehmende Bedeutung.

Die IVA mit stabilen Isotopen ist eine massenspektroskopische Analysenmethode zur Bestimmung von Spurenkonzentrationen in gasförmigen, festen und flüssigen Probenmaterialien, die es erlaubt, Spurenkonzentrationen bis in den ppb-Bereich und teilweise darunter mit hoher Empfindlichkeit, Selektivität und niedrigen Standardabweichungen zu bestimmen. Ein besonderer Vorteil dieser Analysenmethode ist die hohe Richtigkeit der Analysenergebnisse, da diese weitgehendst unabhängig von notwendigen Eichungen ist.

[1]) Anschrift: 701 Leipzig, Permoserstr. 15

Trotz dieser augenscheinlichen Vorteile ist die Anwendung der IVA gegenüber anderen spurenanalytischen Analysenmethoden auf ausgewählte Anwendungsgebiete, wie z. B. zur Analyse geologischer Proben und der Analyse von Kernbrennstoffen, beschränkt geblieben. Das liegt vor allem an dem hohen instrumentellen Aufwand, der zur Durchführung der IVA erforderlich ist und an ein Massenspektrometer gebunden ist.

Die IVA wird derzeit am häufigsten zur Analyse geologischen Probenmaterials eingesetzt, und zwar besonders zur Analyse von Elementen, die zur Altersbestimmung nach den Methoden der physikalischen Geochronologie (Rb-Sr-Alter, K-Ar-Alter, U-Pb-Alter) benutzt werden [1], und unter anderem zur Analyse von Seltenen Erden in geologischem Probenmaterial [2]. Noch verhältnismäßig gering ist die Anwendung der IVA in der Reinststoffanalytik. Die Wahl der für ein isotopenanalytisch zu lösendes Analysenproblem erforderlichen gerätetechnischen Voraussetzungen hängt in erster Linie von der Art der Probe (gasförmig, fest oder flüssig) ab, indem sie die Gerätekonfiguration aus Ionenquelle und massenspektrometrischem Trennsystem bestimmt. So werden zur IVA gasförmiger Proben Elektronenstoß-Ionenquellen und einfache statische oder dynamische Trennsysteme eingesetzt, mit denen sich Isotopenhäufigkeiten mit Standardabweichungen von $S_{rel} = 0{,}0001$ (0,1‰) durchaus bestimmen lassen. Bei Feststoffproben erreicht man eine hohe Empfindlichkeit, Selektivität und Genauigkeit, wenn man als Ionenquelle eine thermische Oberflächenionisations-Ionenquelle verwendet. Die bereits vorhandene hohe Selektivität des Verfahrens, bedingt durch die Anwendung des stabilen Tracers, wird durch diese Ionisationsmethode noch erhöht, weil deren Ionisationsmechanismus außerordentlich selektiv ist.

Die Methode der thermischen Oberflächenionisation ist nicht anwendbar zur Analyse von Elementen bzw. Elementverbindungen mit hohen Verdampfungstemperaturen (> 3000 °K) und für Elemente mit hohen Ionisierungsenergien ($> 8{,}5$ eV). Damit wird die Anwendbarkeit der Methode der IVA aber nicht wesentlich eingeschränkt, da es nur wenige Elemente betrifft. Bei der IVA an Feststoffen mit thermischen Oberflächenionisations-Ionenquellen läßt sich i. a. immer nur ein Element bestimmen. Nur in den Fällen, in denen Elemente mit gleichem chemischen und physikalischen Verhalten bezüglich des Aufschlusses der Probe und der zu messenden Verbindung vorliegen, können mehrere Elemente gleichzeitig mit der IVA analysiert werden, das ist z. B. für die Analyse der Seltenen Erden der Fall [3].

Ein wesentlicher Nachteil der IVA mit thermischen Oberflächenionisations-Ionenquellen ist die Notwendigkeit einer umfangreichen Probenvorbereitung zur Herstellung meßbarer Verbindungen mit möglichst hohem Reinheitsgrad, der sich, wenn eine größere Probenzahl oder eine größere Zahl verschiedener Elemente gemessen werden müssen, nur mit einer automatisierten Probenvorbereitung und Analyse beheben läßt, wobei aber eine echte Multielementanalyse auch dadurch nicht möglich wird.

Die wesentlichen Vorteile dieser Methode sind ihre hohe Empfindlichkeit, — so lassen sich z. B. noch 10^{-12} g Rubidium bestimmen, — und die außerordentliche Präzision und Richtigkeit der Messungen mit Standardabweichungen bis zu $S_{rel} = 0{,}01$ (1%). Der ökonomisch notwendige Übergang zur Multielementanalyse mit IVA läßt sich nur durch den Einsatz anderer Ionenquellen erreichen. Zur Erfüllung der Forderung einer gleichzeitigen Analyse möglichst vieler Elemente, unabhängig von ihren physikalischen und chemischen Eigenschaften, lassen sich aber nur wenige Ionenquellentypen einsetzen. In Frage kommen die Vakuum-Entladungs-Ionenquellen, sowie die in jüngster Zeit entwickelten Glimm-Entladungs- und Hohlkathoden-Ionenquellen [4, 5]. Ebenso dürfte sich eine Gleichstrom-Plasma-Ionenquelle mit in das Plasma genebelter Probenlösung zur IVA eignen [6].

Eine Methode der IVA mit Hochfrequenzfunken-Ionenquellen ist bereits mit Erfolg von verschiedenen Autoren bei der Analyse von Standardproben eingesetzt worden. Eine Methode zur IVA von Spurenverunreinigungen in Metallen und Lösungen, die die gleichzeitige Analyse mehrerer Elemente und die Analyse schwerverdampfbarer Elemente erlaubt, wurde von *Leipziger* [7] und *Paulsen* [8, 9] vorgeschlagen. Bei dieser Methode wird die zu untersuchende Probe in Lösung gebracht und dieser Lösung die Tracerlösungen für die zu bestimmenden Spurenelemente zugemischt. Die Spurenelemente werden dann, nach einer guten Durchmischung, auf elektrochemischem Wege auf zwei stabförmige Kathoden aus Reinstgold aufgebracht, die dann als Elektroden in einen Funkenquellen-Massenspektrograph eingesetzt und in der üblichen Weise analysiert werden. Die Elektrodenpräparation ist jedoch wegen des elektrolytischen Arbeitsganges aufwendig und nicht für alle Elemente gleich günstig. Deshalb wurde von *Jaworski* und *Morrison* [10] bei der Analyse geologischer Standardproben der Tracer in Lösung dem Reinstgraphit, mit dem die Probenelektroden normalerweise gepreßt werden, zugemischt, und aus dem Tracer-Graphit-Gemisch und dem Probenmaterial Elektroden gepreßt. Damit war die Möglichkeit einer Isotopenverdüngungsanalyse mehrerer Elemente gleichzeitig gegeben. Erste Untersuchungen wurden am Basalt-Standard BCR-1 durchgeführt [10] und zeigten den prinzipiellen Wert dieser Methode zur Verbesserung der Reproduzierbarkeit und Richtigkeit der massenspektrographischen Analyse von Feststoffen.

In dieser Arbeit sollen die Arbeitsmethoden der massenspektrographischen Isotopenverdünnungsanalyse mit stabilen Isotopen zur Multielementanalyse beschrieben werden und an Hand der Meßergebnisse an geologischen Standardproben die Vorteile und Grenzen des Analysenverfahrens diskutiert werden.

2. Das Analysenverfahren

Der Methode der Isotopenverdünnungsanalyse mit stabilen Isotopen liegt folgender Gedanke zugrunde: Um die Menge Q_P eines Elementes P in einer Probe mit natürlicher Isotopenzusammensetzung zu bestimmen, wird der Probe eine Menge Q_T desselben Elementes, aber stark veränderter Isotopenzusammensetzung (Tracer) hinzugefügt. Aus der durch die Mischung der Probe und dem Tracer resultierenden Isotopenhäufigkeit des Tracers wird die Menge bzw. die Konzentration Q_P des Elementes in der Probe bestimmt. Die Bestimmung der Konzentration Q_P erfolgt über die Analysengleichung der Isotopenverdünnungsanalyse:

$$Q_P = Q_T \frac{T - X}{X - P} \cdot H \qquad (1)$$

wobei:

Q_P = Menge bzw. Konzentration des Spurenelementes P in der Probe in µg bzw. ppm

Q_T = Menge bzw. Konzentration des eingesetzten Tracer T in µg bzw. ppm

$P = \left(\frac{h_1}{h_2}\right)_P$ = Häufigkeitsverhältnis der Isotope 1 und 2 des Spurenelementes

$T = \left(\frac{h_1}{h_2}\right)_T$ = Häufigkeitsverhältnis der Isotope 1 und 2 des Tracers

$X = \left(\frac{h_1}{h_2}\right)_X$ = Häufigkeitsverhältnis der Isotope 1 und 2 in der Mischung

H = Faktor, der sich bei der Umrechnung aus der Anzahl der Atome in Gewichtseinheiten ergibt

sind.

Bei der Registrierung der Ionenströme mit elektrischen Nachweisverfahren ist die Bestimmung von Q_p verhältnismäßig einfach, da die elektrisch gemessenen Ionenstromsignale (z. B. Peakhöhen) der einzelnen Massenlinien der relativen Isotopenhäufigkeiten direkt proportional sind.

Anders bei dem photographischen Ionennachweis. Beim photographischen Ionennachweis sind die gespeicherten Informationen i. a. nur über die Schwärzungskurve zugänglich. Das Isotopenverhältnis $X=(h_1/h_2)_X$ der Mischung muß aus der Linienschwärzung ermittelt werden. In einem Massenspektrum werden immer zwei Linien eines Elementes mit der Schwärzung S_1[1]) und S_2 ausgewählt. Die Schwärzung S einer Massenlinie läßt sich darstellen als Funktion:

$$S = \varphi\left(\frac{K \cdot h \cdot E \cdot A}{F}\right) \qquad (2)$$

wobei:

K = Konzentration des Elementes in der Probe
h = Isotopenhäufigkeit des betrachteten Isotops
E = Exposition
A = Korrekturfaktor für die Elementempfindlichkeit
F = Fläche der betrachteten Linie

sind.

Betrachtet man die Linien zweier Isotope eines Elementes mit den Isotopenhäufigkeiten h_1 und h_2 und den entsprechenden Schwärzungen S_1 und S_2, so entspricht dem Schwärzungsverhältnis S_1/S_2 das Isotopenverhältnis $h_1/h_2 = X$, da die Größen K, E, A und F in Gleichung (2) für alle Isotopenlinien eines Elementes gleich sind.

$$\frac{S_1}{S_2} = \frac{h_1}{h_2} = X \qquad (3)$$

d. h. das gesuchte Isotopenverhältnis der Mischung X ergibt sich direkt aus den photometrischen Schwärzungswerten (Methode I). Eine weitere Auswertmethode (Methode II) beruht auf der Bestimmung des Isotopenverhältnisses X über die Schwärzungskurven zweier Isotope eines Elementes.

In der Funkenquellen-Massenspektrographie ist es üblich, Massenspektren mit abgestuften Expositionen aufzunehmen und die Schwärzungskurven aufzustellen.

Zur Bestimmung von X wird für jedes Isotop die Schwärzungskurve graphisch oder rechnerisch aufgestellt und aus den Schwärzungskurven die zur Erzeugung einer vorgegebenen gleichen Schwärzung für beide Isotopenlinien erforderliche Ionenzahl bestimmt (Verfahren der linearen Extrapolation). Dies geschieht über die Analysengleichung der Funkenquellen-Massenspektrographie (siehe dazu [11]), die in vereinfachter Form

$$K_a = K_v \frac{E_v \cdot h_v \cdot A_v \cdot F_a}{E_a \cdot h_a \cdot A_a \cdot F_v} \qquad (4)$$

geschrieben werden kann. Der Index a steht hierbei für Analysenelement und v für Vergleichselement. Betrachtet man wieder zwei Isotopenlinien eines Elementes, so ist $K_a = K_v$, $A_a = A_v$ und $F_a = F_v$ und die Gleichung (4) vereinfacht sich zu

$$\frac{h_a}{h_v} = \frac{E_v}{E_a} \quad \text{oder mit} \quad a = 1,\ v = 2\ \frac{h_1}{h_2} = \frac{E_2}{E_1} = X \qquad (5)$$

wobei E_1 bzw. E_2, die sich aus den Schwärzungskurven ergebenden Expositions- bzw. Ionenzahlen sind.

[1]) $S = \log I_0/I$, wobei I_0, I = durch eine kornlose bzw. durch eine zu messende Stelle der Photoplatte fallende Photometerlichtintensität ist.

Beide Auswertmethoden liefern vergleichbare Ergebnisse. Sie unterscheiden sich jedoch wesentlich in ihrem dynamischen Meßbereich.

Während die Methode I nur brauchbare Resultate für die Schwärzungswerte liefert, die im linearen Bereich der Schwärzungskurve liegen, also dem dynamischen Bereich der Photoplatte entsprechen[2]), ist die Methode II davon unabhängig, da durch die lineare Extrapolation der dynamische Meßbereich der Photoplatte erweitert wird. Der Auswertaufwand ist bei der Bestimmung von X aus dem S-Verhältnis gering und läßt sich mit einfachsten Mitteln auch für eine größere Zahl von zu bestimmenden Elementen und Proben manuell bewältigen, während für die Methode II eine halbautomatische oder automatische computergekoppelte Auswertung zweckmäßig ist.

3. Experimentelles

Tracerlösung

Die für die Experimente verwendeten Tracer und deren Isotopenhäufigkeiten sind in Tab. 1 zusammengestellt.

Tab. 1. Für die Analyse verwendete hochangereicherte Isotope und deren Häufigkeit (Angaben des Herstellers)[1])

verwendetes Tracerisotop	Tracerverbindung	Isotopenhäufigkeit des verwend. Tracerisotops, %
^{47}Ti	TiO_2	76,1
^{53}Cr	Cs_2O_3	92,8
^{54}Fe	Fe_2O_3	89,2
^{65}Cu	Cu	96,4
^{66}Zn	ZnO	39,8
^{86}Sr	$SrCO_3$	87,9
^{96}Zr	ZrO_2	35,3
^{140}Ce	CeO_2	69,7
^{143}Nd	Nd_2O_3	87,1
^{149}Sm	Sm_2O_3	96,9
^{151}Eu	Eu_2O_3	97,7
^{155}Gd	Gd_2O_3	92,0
^{161}Dy	Dy_2O_3	94,2
^{167}Er	Er_2O_3	95,3
^{204}Pb	Pb	51,0

[1]) zu beziehen von Technabsexport Moskau über Isocommerz GmbH Berlin-Buch, Lindenberger Weg

Das in fester Form vorliegende Tracermaterial wurde in mg-Mengen mit deionisiertem Wasser und wenig Schwefelsäure bzw. Salpetersäure in Quarzmaßkolben gelöst, in denen die Lösungen aufbewahrt werden. Die Lösung wurde in diesen auf ein Volumen von etwa 500 cm³ bzw. 1000 cm³ zu einer Stammlösung erweitert. Die Mengen pro ml-Lösung der Tracer in den jeweiligen Stammlösungen bewegten sich zwischen 0,1 μg bis 10 μg.

Tracer-Graphit-Gemisch

Zur Herstellung des Tracer-Graphit-Gemisches wird dem Reinstgraphitpulver (Type RWS, Ringsdorf-Werke, BRD) Tracerlösung zugegeben, so daß sich ein dünnflüssiger Brei bildet, der vorsichtig unter der Infrarotlampe oder mittels Gefriertrocknung eingetrocknet wird. Die Tracerkonzentration in der Tracer-Graphit-Mischung wird mit Hilfe einer von *Riepe* und *Kaiser* [12]

[2]) Zur Auswertung der S-Werte eignen sich die UV-2-Platten wegen ihres großen linearen Schwärzungsbereiches besser als die Q-2-Platten.

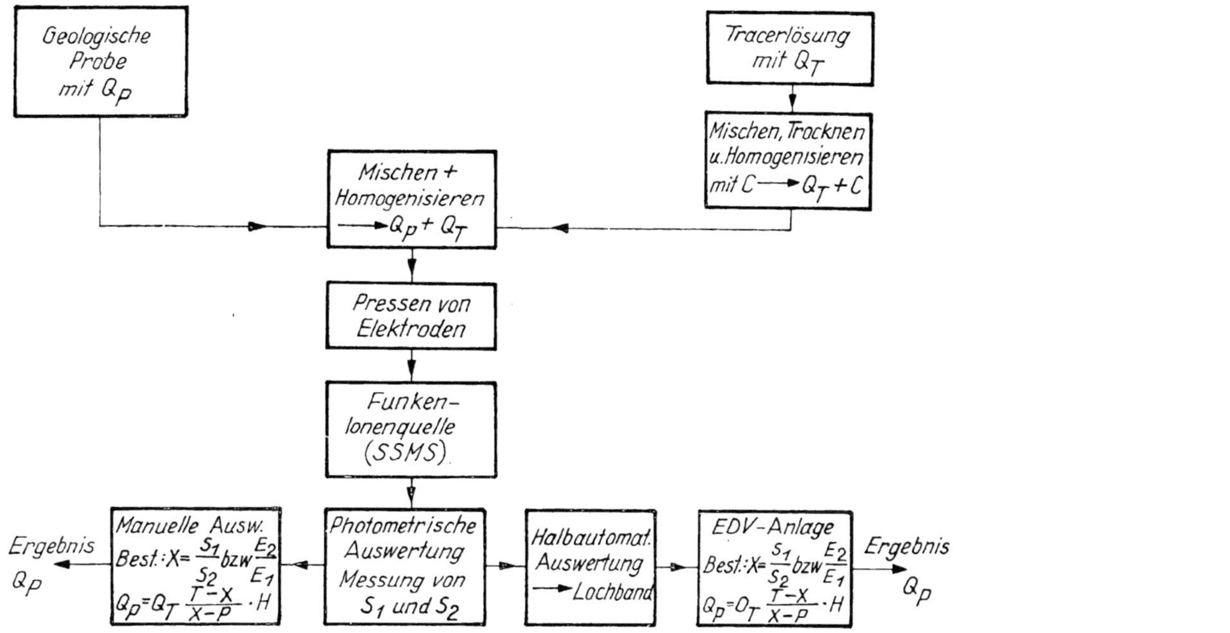

Abb. 1. Schematische Darstellung des Analysenverfahrens zur Isotopenverdünnungsanalyse mit der Funkenquellen-Massenspektrographie

angegebenen Optimierung den jeweiligen zu erwarteten Konzentrationen des zu bestimmenden Elementes in der Probe angepaßt. Die Konzentrationen für die verschiedenen Tracerelemente der in dieser Arbeit verwendeten Mischungen lagen zwischen 0,1 ppm und 1000 ppm. Sie waren so gewählt, daß ein möglichst großer Konzentrationsbereich für die zu bestimmenden Elemente überstrichen werden konnte.

Elektrodenherstellung und Analyse

Das Tracer-Graphit-Gemisch wurde dann im Gewichtsverhältnis 1:1 mit dem Probenmaterial gemischt, homogenisiert und zu Elektroden mit den Abmessungen 2 mm × 2 mm × 4 mm gepreßt. Die Probenpräparation ist in [13] ausführlich beschrieben. Als Analyseninstrument dienten ein doppelfokussierender Massenspektrograph vom *Mattauch-Herzog*-Typ (Eigenbau) bzw. kommerzieller Massenspektrograph vom gleichen Typ (Massenspektrograph MX 3301, SKB Leningrad), die beide mit Hochfrequenz-Funkenionenquelle arbeiteten. Die mit UV-2-Platten (VEB Filmfabrik ORWO Wolfen) bzw. Q-2-Platten (Ilford Ltd. England) registrierten Massenspektren wurden mit einem Schnellphotometer G. II (VEB C. Zeiß, Jena) ausgewertet. Bei der Auswertmethode I erfolgte die Bestimmung von X und Q_p manuell, und bei der Auswertmethode II wurden die Schwärzungswerte digital auf Lochband erfaßt und alle folgenden Rechenoperationen (Aufstellung der Schwärzungskurven, Bestimmung von X und Q_p) mit Hilfe einer EDVA ES 1040 ausgeführt. Das Analysenverfahren ist in Abb. 1 schematisch dargestellt.

4. Experimentelle Ergebnisse

Als Probenmaterial zur Testung des Analysenverfahrens dienten Standardgesteine des Zentralen Geologischen Instituts Berlin (ZGI), deren Hauptkomponentenzusammensetzung und Spurenelementkonzentrationen hinreichend genau bekannt sind [14]. Das Analysenverfahren wurde zuerst durch die Bestimmung nur eines Elementes (Sr) und später als Multielementanalyse getestet. Die Ergebnisse für die Sr-Bestimmung in den Standardgesteinen GM, TB, BaH und BM sind in Abb. 2 und 3 dargestellt.

Die ausgezogene Linie gibt den vom ZGI angegebenen Konzentrationswert mit der zugehörigen Standardabweichung, die gestrichelte Linie den mit IVA bestimmten mittleren Konzentrationswert aus den eingezeichneten Einzelwerten und die Standardabweichung ($P = 95\%$) an. Jeder Meßpunkt in den Abbildungen entspricht einer Wiederholung des gesamten Analysenverfahrens (siehe Abb. 1), wobei jeder Meßpunkt durch im allgemeinen 5 Einzelanalysen abgesichert wurde. Bei der Methode I besteht eine Einzelanalyse aus i. a. 12 wiederholten gleichen Expositionen auf einer Photoplatte und damit aus der gleichen Anzahl von X-Werten. Bei der Methode II ist der Wert der Einzelanalyse das Ergebnis einer Doppelbestimmung. Die Übereinstimmung der Meßergebnisse für die Sr-Gehalte mit den

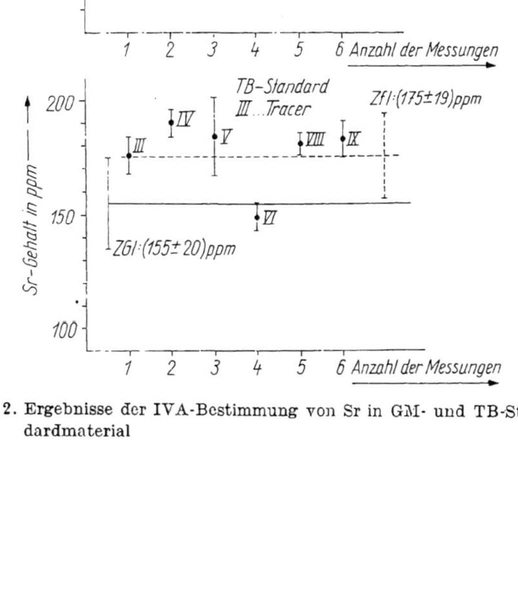

Abb. 2. Ergebnisse der IVA-Bestimmung von Sr in GM- und TB-Standardmaterial

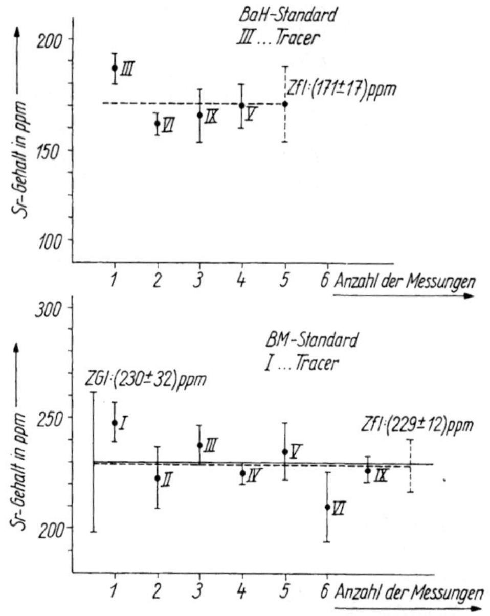

Abb. 3. Ergebnisse der IVA-Bestimmung von Sr in BaH- und BM-Standardmaterial

vom ZGI angegebenen Gehalten ist gut, bis auf den Sr-Wert im TB-Standard, der signifikant höher liegt. Da der ZGI-Wert gut abgesichert ist, muß ein systematischer Fehler, z. B. durch eine Linienkoinzidenz, angenommen werden, dessen genaue Ursache aber noch nicht geklärt werden konnte. Die relativen Standardabweichungen für die Mittelwerte aus einer Serie von 4 wiederholten Messungen liegen zwischen 1,5% und 5%. Standardabweichungen von größer als 7% für die Konzentrationsbestimmung sind das Ergebnis von Inhomogenitäten oder Linienkoinzidenzen. Der relative Fehler für die Richtigkeit der Meßwerte, bezogen auf die vom ZGI angegebenen Mittelwerte, ergab sich ebenfalls zu 1,5% bis 5%. Für die Reproduzierbarkeit der Einzelanalysen ergaben sich Standardabweichungen zwischen 3% und 10%.

Das Isotopenverhältnis X läßt sich aus den Linienschwärzungen bestenfalls mit einem minimalen relativen Fehler von 1,5% bestimmen, wenn der Photometriefehler durch die Wahl einer genügend großen Photometerspaltfläche klein gehalten wird [15] und Schwankungen der Korndichte, Korngröße und des mittleren Trefferquerschnitts von Linie zu Linie ausgeschlossen werden, was bei den geringen Linienabständen von einigen Millimetern durchaus gerechtfertigt ist. Die relativen Fehler der Einzelanalysen können somit auf Grund des Fehlers der Isotopenverhältnisbestimmung in der Praxis nicht besser als 2 bis 3% sein. Standardabweichungen von etwa 2% werden im Bereich der optimalen Anpassung von Q_T an Q_P erreicht (siehe Abb. 4).

Meßergebnisse der Gehaltsbestimmung einiger ausgewählter Elemente in zwei geologischen Standardproben sind in Tab. 2 zusammengestellt. Die Richtigkeit der Analysenergebnisse ist gut, wenn man sie mit den vom ZGI angegebenen Gehalten sowie massenspektrographisch bestimmten Gehalten vergleicht. Die relativen Standardabweichungen ergaben sich zu 0,05 bis 0,15. Standardabweichungen von 0,15 und höher ergaben sich im Bereich niedriger Konzentrationen, z. B. für Konzentrationen um oder kleiner 1 ppm und an den Grenzen des eingestellten dynamischen Meßbereiches des Analysenverfahrens, wegen des höheren Fehlers der Bestimmung des Isotopenverhältnisses X. Die Auswahl der für die Messung verwendeten Linien muß sehr sorgfältig erfolgen, um die fälschliche Verwendung von koinzidierenden Linien zu vermeiden. Es gelten hier die gleichen Vorschriften wie für die Auswahl von Analysenlinien zur massenspektrographischen Übersichstanalyse mit Funkenionenquellen. Eine Isotopenverdünnungsanalyse ist dann möglich, wenn im Massenspektrum des zu bestimmenen Elementes zwei ungestörte Isotopenlinien zur Ausertung zur Verfügung stehen. So lassen sich z. B. in dem für die Analytik geologischen Probenmaterial interessanten Massenbereich von 130 u bis 180 u folgende Elemente mit dem hier beschriebenen Verfahren nicht bestimmen: Cs, Pr, Tb, Ho und Tm, weil diese mononuklid sind. Durch Linienkoinzidenz mit Ba-Ionen wird die Analyse von ($^{138}La^+ - {}^{138}Ba^+$) und Ce($^{136}Ce^+ - {}^{136}Ba^+$, $^{138}Ce^+ - {}^{138}Ba^+$) gestört. Alle anderen Elemente in diesem Massenbereich lassen sich isotopenverdünnungsanalytisch bestimmen. Eine wichtige Voraussetzung für eine hohe Richtigkeit und Reproduzierbarkeit der Analysenergebnisse ist eine homogene Verteilung des Probenmaterials, des Graphits und des Tracers in den Elektroden.

Die Homogenität der Verteilung des Tracers im Graphit ist bei richtiger Herstellung des Graphit-Tracer-Gemisches i. a. gewährleistet. Treten trotzdem inhomogene Verteilungen auf, so kann sich dies auf die Richtigkeit der Analysenergebnisse auswirken, während Inhomogenitäten in der Verteilung der Spurenmaterial und Graphit-Tracer-Gemisch sich im i. a. in erhöhten Standardabweichungen der Analysenresultate dokumentieren.

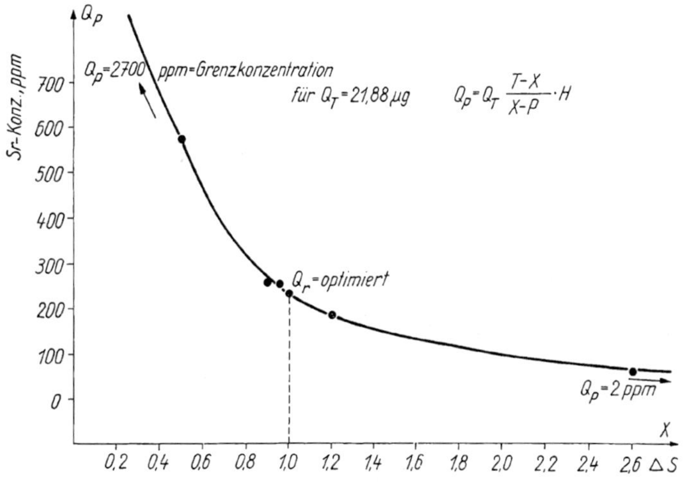

Abb. 4. Analysenkurve der IVA für die Sr-Bestimmung bei einem vorgegebenen Q_T = 21,88 µg und T = 9,8

Tab. 2. Vergleich von isotopenverdünnungsanalytisch und mit Funkenquellen-Massenspektrographie (SSMS) gewonnenen Werten mit ZGI-Werten für 2 Standardproben

Konzentration in ppm						
Element	GM-Standard			TB-Standard		
	IVA	SSMS	ZGI	IVA	SSMS	ZGI
Ti	1450 $\pm$ 85	890	1260	5480 $\pm$150	3800	5580
Fe	13500 $\pm$ 800	—	14140	49000 $\pm$ 1000	—	48440
Cu	15 $\pm$ 1,5	12	13	48 $\pm$ 2	41	50
Zn		29	40	90 $\pm$ 2	89	95
Sr	143 $\pm$ 10	160	133	175 $\pm$ 19	103	155
Zr	155 $\pm$ 6	145	145	171 $\pm$ 9	235	175
Nd	22 $\pm$ 3	26	(27)	49 $\pm$ 2,5	49	(50)
Sm	7,5 $\pm$ 0,5	6,8	6	8,5 $\pm$ 0,6	15	9
Eu	0,85 $\pm$ 0,1	1,0	0,6	1,8 $\pm$ 0,1	2,0	1,6
Dy	6,5 $\pm$ 0,5	7,3	(6)	10 $\pm$ 0,5	—	(4)
Er	1,6 $\pm$ 0,2	2,4	(2)	1,7 $\pm$ 0,2	2,3	(1)

Die Methode der Isotopenverdünnungsanalyse mit Funkenionenquellen hat einen Erfassungsbereich für Konzentrationen von nahezu 100% bis in den ppb-Bereich. Ihr günstigster Anwendungsbereich liegt jedoch in der Analyse von Konzentrationen kleiner 10000 ppm. Für die Analyse muß die Tracermenge Q_T im Graphit-Tracer-Gemisch so eingestellt werden, daß möglichst ein großer Konzentrationsbereich des zu bestimmenden Elementes in der Meßprobe erfaßt werden kann. Dieser dynamische Meßbereich ergibt sich aus dem Anreicherungsgrad der zur Verfügung stehenden Tracer und dem Häufigkeitsverhältnis der verwendeten Isotopenlinien sowie der Auswertmethode die angewandt wird. Die volle Ausnutzung des dynamischen Meßbereichs des Verfahrens wird jedoch nur bei Anwendung der Auswertmethode II erreicht. Für viele Anwendungsfälle ergibt sich ein dynamischer Meßbereich von 10^3, das bedeutet z. B. für die Sr-Bestimmung in geologischen Proben, daß mit einer Tracerkonzentration von etwa 200 ppm ein Konzentrationsbereich von etwa 2 ppm bis 2000 ppm erfaßt werden kann. Das hat den Vorteil, daß man eine größere Menge Graphit-Tracer-Mischung vorbereiten und für Proben mit unterschiedlichen Konzentrationen des zu bestimmenden Elementes einsetzen kann.

Das Verfahren der Isotopenverdünnungsanalyse mit der Funkenquellen-Massenspektrographie hat den Vorteil, daß die Möglichkeit einer Übersichtsanalyse des Probenmaterials weiter besteht, denn neben den Tracerelementen kann auch noch ein Vergleichselement (z. B. Yttrium oder Indium) dem Reinstgraphit zugegeben werden, so daß alle nicht isotopenverdünnungsanalytisch bestimmten Elemente mit der bekannten Methode der Funkenquellen-Massenspektrographie bestimmt werden könnten.

Der Anwendungsbereich der Isotopenverdünnungsanalyse mit Funkenionenquellen mit dem hier beschriebenen Verfahren umfaßt die Spurenanalyse in pulverförmigen Feststoffproben oder Festkörpern, die pulverisiert werden können.

Das Verfahren der Isotopenverdünnungsanalyse mit Funkenionenquellen stellt eine wertvolle Ergänzung der Methoden der massenspektrographischen Spurenanalyse dar.

Eingegangen am 9. 6. 1978

Literatur

[1] *J. A. Phillpotts*, Geochim. Cosmochim. Acta **36** (1972) 211
[2] *H. Voshage*, Int. J. Mass Spectrom. Ion Phys. **1** (1968) 237
[3] *J. Marsel, B. Podobnik, A. Popovic*, Proc. Arbeitstagung Stabile Isotope, Leipzig (1969)
[4] *J. W. Coburn, E. Taglauer, E. Kay*, Journ. Appl. Phys. Vol. **45** (1974) 1779
[5] *W. W. Harrison, C. W. Magel*, Anal. Chem. **46** (1974) 461
[6] *A. L. Gray*, Proc. Soc. Anal. Chem. **7** (1974) 182
[7] *F. D. Leipziger*, Anal. Chem. **37** (1965) 171
[8] *P. J. Paulsen, R. Alvareez, D. E. Kelleher*, Spectrochim. Acta **24 B** (1969) 535
[9] *P. J. Paulsen, R. Alvareez, C. W. Müller*, Appl. Spectrosc. **30** (1976) 42
[10] *J. F. Jaworski, G. H. Morrison*, Anal. Chem. **47** (1975) 1173
[11] *H.-J. Dietze*, „Massenspektroskopische Spurenanalyse" Akad. Verlagsgesellschaft Geest u. Portig K.G., Leipzig 1975, S. 73
[12] *W. Riepe, H. Kaiser*, Z. Anal. Chem. **223** (1966) 321
[13] *H.-J. Dietze, K. Freyer, M. Geisler, G. Haase, G. Hartmann, E. Maul, H. Panse*, Gerlands Beiträge Geophysik Leipzig **85** (1976) 497
[14] *R. Schindler*, Z. angew. Geologie **18** (1972) 221

Quantitative Analyse von Brom in rubidiumhaltigen wäßrigen Lösungen mittels energiedispersiver Röntgenfluoreszenzanalyse*)

M. Schiekel[1]), *K. Irmer*[1]), *T. Čechak*[2]), *J. Šeda*[2])

[1]) Technische Universität Dresden, Sektion Physik, Wissenschaftsbereich Kernstrahlungsphysik und Isotopentechnik; [2]) České Vysoké Učení Technické v Praze, Fakulta jaderná a fyzikálně inženýrská, Praha

Die Anwendung der Röntgenfluoreszenzanalyse für den Nachweis relativ dicht benachbarter Elemente erfordert ein gutes energetisches Auflösungsvermögen des eingesetzten Spektrometers. In der Arbeit werden Ergebnisse von Untersuchungen zum Bromnachweis bei gleichzeitiger Anwesenheit von Rubidium unter Verwendung verschiedener Spektrometer vorgestellt. Als Detektoren kommen Halbleiterdetektoren, Proportionalzählrohre und Szintillationsdetektoren zum Einsatz. In den Proportionalzählrohr- und Szintillationsspektrometern werden zusätzlich Filter verwendet. Die erreichbaren Konzentrationsgrenzen liegen im Bereich von 10 bis 100 mg Brom/l. Der Einfluß der Matrix wird untersucht und ein einfaches Verfahren zur Matrixkorrektur vorgestellt.

(B 11) INIS DESCRIPTORS:

aqueous solutions; bromine; energy resolution; filters; interfering elements; proportional counters; rubidium; scintillation counters Si semiconductor detectors; X-ray fluorescence analysis

1. Einleitung

Die energiedispersive Röntgenfluoreszenzanalyse beruht auf der Messung der charakteristischen Röntgenstrahlung der Probenelemente durch energieselektive Detektoren. Dabei bestimmt das energetische Auflösungsvermögen des Detektors wesentlich die Güte der Analysenergebnisse. Als energiedispersive Detektoren kommen Szintillationsdetektoren, Proportionalzählrohre und Halbleiterdetektoren zum Einsatz. Die vorliegende Arbeit berichtet über Applikationsuntersuchungen aller drei genannten Detektortypen für die Analyse von Brom ($Z = 35$) in wäßrigen Lösungen. Dabei werden Konzentrationsgrenzen und Analysenfehler ermittelt und die Ergebnisse für die einzelnen Spektrometer miteinander verglichen.

Einen entscheidenden Einfluß auf das Meßergebnis besitzt die Matrixzusammensetzung. In den untersuchten Lösungen liegen neben Bromionen noch die Ionen der Elemente Natrium, Chlor und Rubidium vor. In Tab. 1 sind die Energien der Röntgenlinien und die Konzentrationsbereiche dieser Elemente enthalten.

Tab. 1. Energien der Röntgenlinien und mittlerer Konzentrationsbereich der in den untersuchten Lösungen vorliegenden Elemente

Element	Ordnungszahl	Energie der Röntgenlinien in keV		Konzentrationsbereich in %
		K_α	K_β	
H	1	–	–	8,5–11
O	8	0,525	–	68–89
Na	11	1,041	–	0–9
Cl	17	2,621	2,815	0–14
Br	35	11,907	12,286	0–0,5
Rb	37	13,373	14,956	0–0,1

Abgesehen von Rubidium beeinflussen die Röntgenlinien der in der Lösung enthaltenen Elemente die qualitative Bestimmung der Br-K_α-Linien nicht. Die Anwesenheit dieser Elemente führt jedoch zu einer Variation des Massenschwächungskoeffizienten der Lösung für Röntgenstrahlung. Daraus resultiert eine Verringerung der Ausbeute für die Br-K_α-Linie mit wachsender Konzentration der Matrixelemente.

Die Ordnungszahl von Rubidium unterscheidet sich nur wenig von Brom, so daß die K-Linien beider Elemente energetisch dicht benachbart sind. Damit eine gegenseitige Beeinträchtigung der Meßergebnisse ausgeschlossen werden kann, müssen beide Linien vom Spektrometer getrennt werden.

Bei einer integralen Messung zweier benachbarter Linien mit gleichgroßem Maximum ist eine ausreichende Trennung an die Bedingung gebunden, daß der energetische Abstand der Linien größer als 3σ ist. Der Peakformparameter σ ergibt sich aus der Halbwertsbreite $\Delta E_{1/2}$ (Breite der Linie im gemessenen Impulshöhenspektrum bei halber Höhe des Linienmaximums) mit Hilfe der Beziehung

$$\sigma = \Delta E_{1/2}/2{,}355$$

Eine Linientrennung ist demnach nur dann möglich, wenn der Linienabstand Δx die Bedingung

$$\Delta x \geqq 1{,}3 \cdot \Delta E_{1/2} \qquad (1)$$

erfüllt.

Gute Halbleiterdetektoren besitzen ein Auflösungsvermögen von besser 200 eV bei einer Energie von 5,9 keV. Im Energiebereich von 12 keV ergeben sich dann Halbwertsbreiten von ca. 240 eV. Beim Einsatz von Halbleiterdetektoren wird Gl. (1) demnach erfüllt. Folglich ist eine Trennung der auszuwertenden Linien einfach zu realisieren. Das Auflösungsvermögen von Proportionalzählrohren kann aus der Gleichung [2]

$$\Delta E_{1/2} = 0{,}365 \cdot \sqrt{h\nu/\mathrm{keV}} \qquad (2)$$

abgeschätzt werden. Der Zahlenfaktor gilt für ein Zählgasgemisch von 90% Ar und 10% CH_4 bei Ausschaltung aller elektronischen Effekte. Dann ergeben sich als theoretisch beste Auflösung Halbwertsbreiten von 1270 eV im Energiebereich von 12 keV.

Damit kann Gl. (1) nicht mehr erfüllt werden. Aufgrund ihres noch wesentlich schlechteren Auflösungsvermögens trifft diese Aussage auch auf die Verwendung von Szintillationsdetektoren zu.

*) Die Arbeit erfolgte auf Anregung durch den VEB Kombinat KALI.

Anschriften: [1]) 8027 Dresden, Mommsenstr. 13; [2]) Praha 1, Brehova ul. 7

Da der mechanische Aufbau von Proportionalzählrohr- und Szintillationsdetektorspektrometern jedoch wesentlich einfacher ist als bei Spektrometern mit Halbleiterdetektoren und der Halbleiterdetektor auch einen höheren Wartungsaufwand erfordert, ist es sinnvoll, nach einem einfachen Verfahren zur Verbesserung der Trennmöglichkeiten zu suchen. Dafür sind Kanten- und Differenzfilter geeignet.

Beim Kantenfilter nutzt man die Tatsache aus, daß der Massenschwächungskoeffizient eines Elementes an der K-Kante einen Sprung aufweist. Während für die niederenergetische Strahlung mit einer Energie nahe der Kantenenergie die Schwächung klein bleibt, tritt für die Strahlung knapp oberhalb der Kante eine starke Schwächung auf.

Als Filterelement zur Trennung der Br-K_α-Strahlung und der Rb-K_α-Strahlung eignet sich Selen. Der Massenschwächungskoeffizient von Selen beträgt für die Br-K_α-Strahlung 33,0 cm^2/g und für die Rb-K_α-Strahlung 131,9 cm^2/g. In Tab. 2 sind die Verhältnisse der registrierten Impulsraten von Brom- und Rubidiumstrahlung bei verschiedenen Dicken des Selenfilters für schmale Photonenbündel und senkrechten Einfall aufgeführt. In der dritten Spalte der Tabelle wird zusätzlich das Verhältnis von geschwächter zu ursprünglicher Impulsrate angegeben.

Tab. 2. Impulsratenverhältnisse bei Variation der Filterdicke

Filterdicke in µm	I_{Br}/I_{Rb}	$(I/I_0)_{Br}$ in %
0	1,7	100
10	2,7	87
20	4,9	77
50	30,2	51
60	55,4	45
75	137,6	37
100	632,9	26
200	3500,0	7

Es zeigt sich, daß bei einer Filterdicke von 75 µm eine ausreichende Unterdrückung des Rubidiumanteiles zu beobachten ist, während noch mehr als ein Drittel der Bromstrahlung registriert werden kann.

Als günstiger erweist sich jedoch eine Kombination mit zwei aufeinander abgestimmten Filtern aus Arsen und Selen, die zeitlich nacheinander in den Strahlengang des Nutzstrahlenbündels gebracht werden. Die Dicke dieser Filter wird so gewählt, daß die Filter außerhalb der Br-K_α-Linie die gleiche Schwächung im gesamten Energiebereich aufweisen. Die Berechnung der optimalen Filterdicke erfolgte nach den von *Čechak* [3] angegebenen Beziehungen mit ausreichender Genauigkeit. Im Bereich der Br_α-K-Strahlung schwächt der Arsenfilter die Photonenstrahlung stark, während der Selenfilter nur eine geringe Schwächung bewirkt. Dieses Verhalten wird in Abb. 1 gezeigt. Deutlich ist das auf diese Art entstandene Energiefenster zu erkennen. Bei Verwendung dieser Differenzfilter lassen sich neben Halbleiterdetektoren auch Proportionalzählrohre und Szintillationsdetektoren zur Messung der Bromkonzentration in rubidiumhaltigen Lösungen einsetzen.

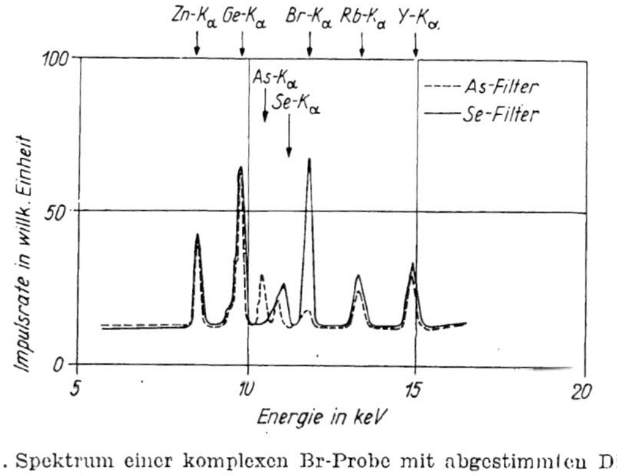

Abb. 1. Spektrum einer komplexen Br-Probe mit abgestimmten Differenzfiltern

2. Meßanordnungen

Beim Entwurf der Meßanordnungen wurde darauf geachtet, ein Gefäß für die Probenaufnahme zu konstruieren, das für alle Meßvarianten eingesetzt werden kann. Als Form des Probengefäßes wurde ein Kreiszylinder mit einem Durchmesser von 50 mm gewählt. Am oberen Rand des Zylinders befinden sich zwei seitliche Einfüllöffnungen. Die Tiefe des Gefäßes beträgt 15 mm. Eine größere Tiefe ist nicht sinnvoll, da aus tieferen Schichten keine wesentliche Information mehr in den Detektor gelangen kann. Unter der Annahme der mittleren Konzentrationen aus Tab. 1 folgt, daß die Aktivität der anregenden Strahlung am Boden des Gefäßes auf 2% des Wertes an der Probenoberfläche geschwächt worden ist.

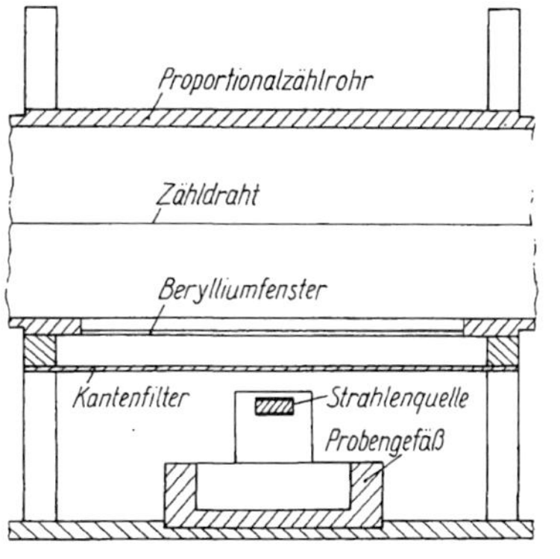

Abb. 2. Schematische Darstellung der Meßanordnung mit Proportionalzählrohr

Die Messungen mit dem Proportionalzählrohrspektrometer erfolgten in Zentralgeometrie. Den schematischen Aufbau der Meßanordnung zeigt Abb. 2. Als Zählrohr wurde ein abgeschmolzenes Proportionalzählrohr der Firma 20th Century Electronics mit einer Gasfüllung von 90% Ar und 10% CH_4 bei einem Druck von 760 Torr verwendet. Das Fenster des Zählrohres besteht aus Beryllium, die Dicke beträgt 0,1 mm und die Fensterfläche ist 48 mm × 124 mm. Zur Anregung der Br-K_α-Strahlung wurde eine ^{109}Cd-Quelle mit einer Aktivität von 400 µCi eingesetzt. Zum Nachweis der Impulse dienten ein Vorverstärker vom Typ VA-H-286, ein Hauptverstärker/Analysator VA-V-100 und das Zählgerät VA-G-120 vom VEB Meßelektronik Dresden.

Der Filterhalter ist so ausgelegt, daß sowohl der K-Kantenfilter als auch die Differenzfilter aufgenommen werden können. Der K-Kantenfilter besteht aus einer 75 µm dicken Selenschicht, die auf ein 150 µm dickes Aluminiumsubstrat aufgedampft ist. Durch das Aluminiumsubstrat tritt eine zusätzliche Schwächung der Fluoreszenzstrahlung ein, so daß nach dem Filter nur 20% der vor dem Filter vorhandenen Strahlungsstromdichte der Br-K_α-Strahlung registriert werden kann. Zur Herstellung der Differenzfilter wurde reines Selen bzw. Arsen in Plastfolien eingelagert. Durch dieses Verfahren ist es möglich, auch großflächige Filter mit einer guten Homogenität der Belegung anzufertigen.

Die Schwächung der Br-K_α-Strahlung im Transmissionsfilter beträgt 45%, im Sperrfilter 95% (vgl. Abb. 1).

Die Messungen mit der Szintillationssonde erfolgten ebenfalls in Zentralgeometrie. Bei diesen Untersuchungen wurde auf den K-Kantenfilter verzichtet und nach dem Differenzfilterverfahren gemessen. Der Szintillationsdetektor besaß einen NaJ(Tl)-Kristall mit einem Durchmesser von 50 mm und einer Dicke von 2 mm.

Die Untersuchungen mit dem Halbleiterdetektor erfolgten nicht in Zentralgeometrie, sondern mit einer seitlich angeordneten Primärstrahlenquelle. Der schematische Aufbau der Meßanordnung ist in Abb. 3 zu sehen. Es wurde ein hochauflösendes Si(Li)-Halbleiterdetektorspektrometer verwendet. Das Auflösungsvermögen für die Mn-K_α-Linie (5,9 keV) beträgt 220 eV. Der effektive Durchmesser der empfindlichen Fläche hat nur eine Größe von 10 mm. Deshalb ist der Geometriefaktor dieser Meßanordnung weitaus schlechter als bei dem Proportionalzählrohrspektrometer und es konnte keine Messung in Zentralgeometrie erfolgen. Der Kryostat mit dem gekühlten Detektor (77 K) hat eine vertikale Ausführung mit nach oben zeigendem Detektorfenster. Die Anregung und Messung der Fluoreszenzstrahlung erfolgt daher durch den Boden des Probengefäßes. Für die quantitative Analyse wurde ein Gefäß aus PTFE mit einem 0,8 mm dicken Boden verwendet.

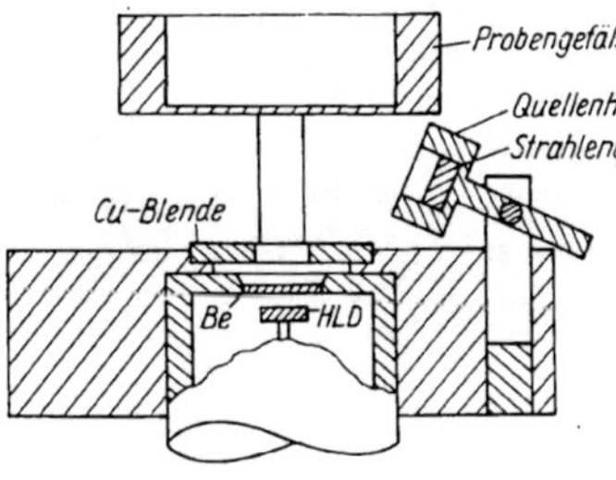

Abb. 3. Bestrahlungs- und Meßanordnung mit Halbleiterdetektor

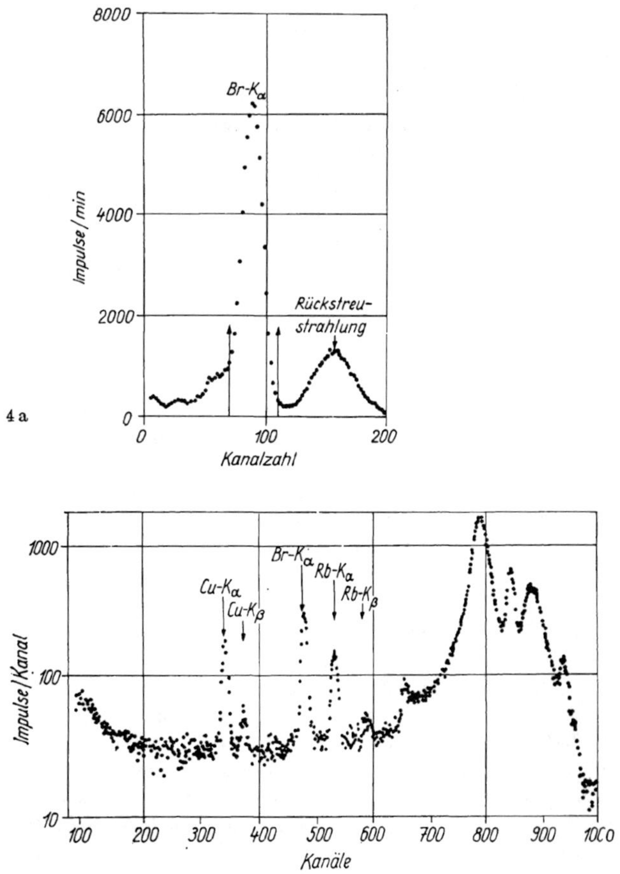

Abb. 4. Impulshöhenspektren bromhaltiger Proben (Meßzeit 1000 s) a) aufgenommen mit Proportionalzählrohrspektrometer (Pfeile markieren Auswertebereich); b) mit Halbleiterdetektorspektrometer

3. Ergebnisse und Schlußfolgerungen

Die mit Proportionalzählrohr ohne Filter und mit Halbleiterdetektorspektrometer aufgenommenen Spektren sind in Abb. 4 dargestellt. Als Meßzeit wurden jeweils 1000 s gewählt. Das mit Proportionalzählrohrspektrometer gewonnene Spektrum läßt eine deutliche Trennung zwischen rückgestreuter Anregungsstrahlung und Br-K_α-Strahlung erkennen. Keine Trennung erfolgt erwartungsgemäß zwischen den vom Brom und vom Rubidium emittierten Linien. Der von den eingezeichneten Pfeilen markierte Bereich wurde für die Auswertung herangezogen. Die Darstellung des mit dem Halbleiterdetektorspektrometer erhaltenen Spektrums zeigt eine ausreichende Trennung der Brom- und Rubidiumlinien. Die Integration der Br-K_α-Linie erfolgte deshalb durch eine einfache Summation der Kanalinhalte und Annahme eines linearen Untergrundes im Linienbereich. Die ebenfalls registrierten Linien der Cu-K-Strahlung entstammen der Detektorblende.

In der Abb. 5 sind die Ergebnisse der quantitativen Analysen mittels Szintillationssonde dargestellt. Als Parameter der Kurven wurde die Konzentration der Matrixbeimengung an NaCl gewählt. Es zeigt sich eine gute Linearität der Konzentrations-Zählraten-Beziehungen. Qualitativ ähnliche Ergebnisse wurden auch mit den anderen Spektrometern erhalten. Als Beispiel zeigt die Abb. 6 die mit dem Halbleiterdetektorspektrometer gewonnenen Resultate für eine mittlere Chlorkonzentration von 250 g/l.

Die Leistungsfähigkeit der verwendeten Spektrometer soll anhand der erreichbaren Konzentrationsgrenze diskutiert werden. Die minimal nachweisbare Konzentration errechnet sich

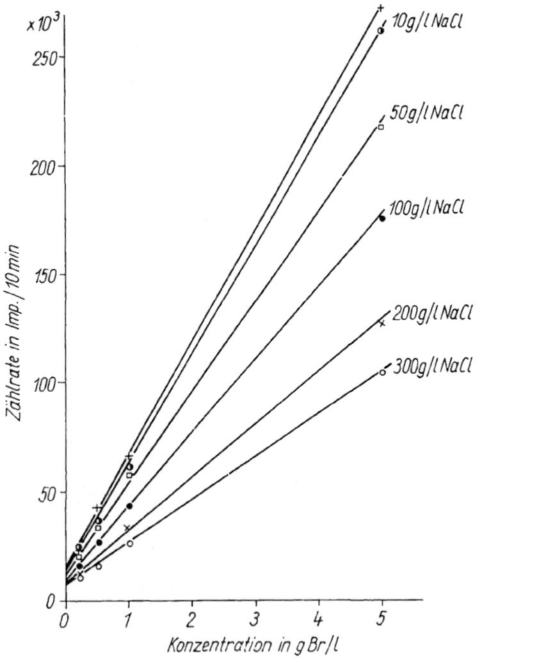

Abb. 5. Konzentrationseichkurven zur quantitativen Bromanalyse bei unterschiedlicher Matrixkonzentration (aufgenommen mit Szintillationsdetektorspektrometer)

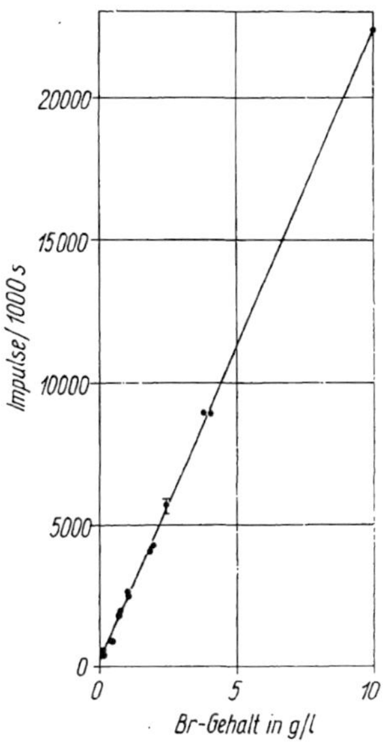

Abb. 6. Impuls-Konzentrationskurve für Halbleiterdetektorspektrometer

aus der Beziehung

$$c_{\min} = k \sqrt{\frac{2N_u}{N_i^2}}\, c_i \tag{3}$$

wobei N_u die Zahl der Untergrundimpulse und N_i die Zahl der Nutzimpulse bei einer Konzentration von c_i im vorgegebenen Meßzeitintervall bedeuten. Der Faktor k wird üblicherweise zu $k = 3$ gewählt. Die Ergebnisse für eine Meßzeit von 1000 s sind in Tab. 2 zusammengefaßt. Aus den Resultaten ersieht man, daß sich sowohl mit Proportionalzählrohren als auch mit Szintillationsdetektoren in Verbindung mit Differenzfiltern die besten Ergebnisse erzielen lassen. Damit wird gleichzeitig die optimale Filterwahl verdeutlicht. Eine um eine Größenordnung schlechtere Konzentrationsgrenze erbringt die Verwendung von nur einem Kantenfilter zur Unterdrückung der Störanteile. Für die Bromanalyse in wäßrigen Lösungen eignet sich deshalb dieses Spektrometer nur im Fall des Nachweises hoher Konzentrationen. Auch die Ergebnisse mit dem Halbleiterdetektorspektrometer zeigen eine Verschlechterung gegenüber Spektrometern mit Differenzfiltern. Das ist auf die geringe Nachweiseffektivität des Halbleiterdetektors aufgrund seines kleinen Detektordurchmessers zurückzuführen. Bei gleichzeitiger Berücksichtigung des hohen apparativen Aufwandes erscheinen deshalb auch Halbleiterdetektorspektrometer als ungeeignet zur quantitativen Bestimmung niedriger Bromkonzentrationen in Flüssigkeiten. Sie sind dann von Vorteil, wenn gleichzeitig eine weitere Anzahl von Elementen mit analysiert werden sollen. Die unterschiedliche Steigung der Geraden in Abb. 5 widerspiegelt den Einfluß der Matrixzusammensetzung auf das Meßergebnis. Als Hauptursache dafür soll die Absorption von Anregungs- und Emissionsstrahlung in der Probe angesehen werden, während andere Matrixeinflüsse wie z. B. Sekundäranregung unberücksichtigt bleiben können. Die Ausbeute I an charakteristischer Röntgenstrahlung aus einer Probe mit Sättigungsdicke erhält man aus der Gleichung

Tab. 3. Minimal nachweisbare Konzentrationen für verschiedene Spektrometer

Spektrometer	c_i in g/l	N_i in Imp.	N_u in Imp.	$c_{\min}$ in mg/l
Szintillationsdetektor	0,2	4700	19420	25
Proportionalzählrohr mit Kantenfilter	0,6	15990	573100	120
Proportionalzählrohr mit Differenzfilter	0,2	14080	53910	14
Halbleiterdetektor	0,1	237	1450	68

$$I = a_i \int_0^\infty \exp\left(-\varrho x(\mu/\cos\varphi_1 + \mu_f/\cos\varphi_2)\right) dx \tag{4}$$

Darin bedeutet a_i einen elementabhängigen Anregungsterm, ϱ ist die Dichte der Probe, μ der Massenschwächungskoeffizient der Probe für die Anregungsstrahlung und μ_f für die Fluoreszenzstrahlung, φ_1 und φ_2 die Winkel zwischen einfallendem und austretendem Bündel und der Probennormale, und x ist die Tiefe, in der die Anregung der charakteristischen Strahlung erfolgt. Bei senkrechtem Einfall und Beobachtung in Rückwärtsrichtung ergibt sich aus Gl. (4) für das Verhältnis zweier Ausbeuten von Proben mit verschiedener Matrixzusammensetzung die Beziehung

$$I_1 = I_0 \frac{\mu_0 + \mu_{0,f}}{\mu_1 + \mu_{1,f}} \tag{5}$$

Die Massenschwächungskoeffizienten der Probe berechnen sich aus der bekannten Beziehung

$$\mu = \sum_i \mu_i c_i$$

wobei μ_i die Massenschwächungskoeffizienten der Probenelemente für die interessierende Strahlung und c_i deren Konzentration bedeuten. In Abb. 7 sind für einige Bromkonzentrationen die Ausbeutereduzierungen als Funktion der NaCl-Konzentration dargestellt. Die Kreuze charakterisieren Meßwerte, die eingezeichneten Kurven sind nach Gl. (5) berechnet worden. Die Massenschwächungskoeffizienten entstammen der Arbeit von *Dewey* [4]. Im Bereich kleiner NaCl-Konzentrationen ergibt

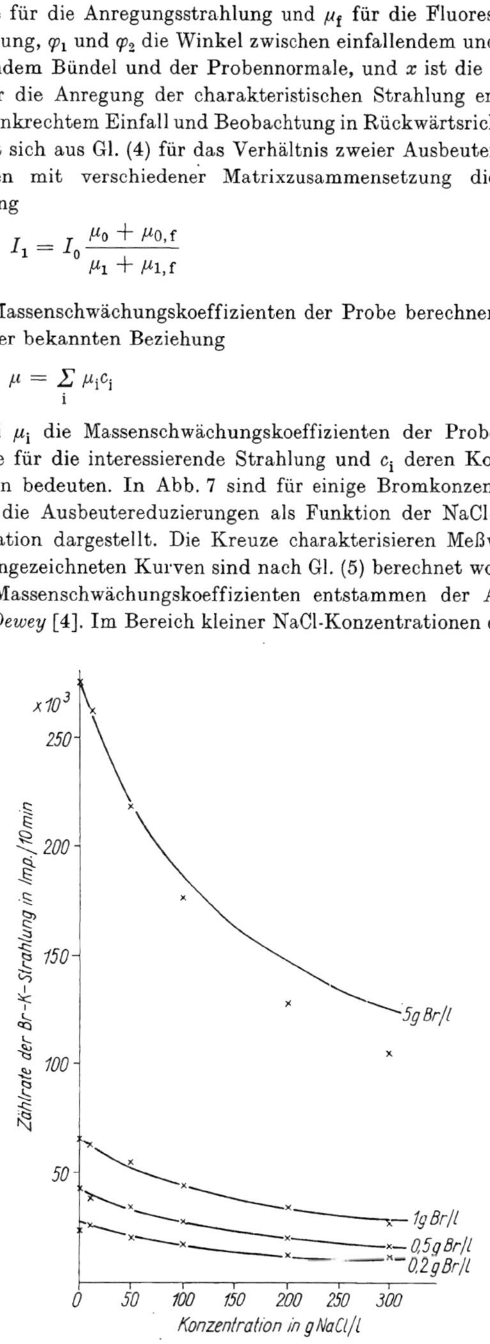

Abb. 7. Ausbeute der Br-K_α-Strahlung in Abhängigkeit von der Matrixkonzentration für verschiedene Bromkonzentrationen

sich eine ausgezeichnete Übereinstimmung zwischen Meßwerten und berechneten Werten. Nur für große Matrixkonzentrationen erhält man aus Gl. (5) eine zu kleine Ausbeutereduzierung. Das ist auf die Vernachlässigung der endlichen Ausdehnung von Probe und Detektorfenster zurückzuführen, wodurch die Voraussetzung $\cos \varphi_1 = \cos \varphi_2 = 1$ nicht exakt erfüllt wird. Daraus resultieren längere Absorptionswege in der Probe, die eine größere Reduzierung der Fluoreszenzstrahlung bewirken. Dieser Anteil macht sich erst bei größeren Massenschwächungskoeffizienten der Lösungen bemerkbar. Die Abweichungen übersteigen jedoch 15% nicht, so daß eine Korrektur der experimentellen Ergebnisse nach Gl. (5) möglich ist.

Die Kurven in Abb. 7 sind unter Berücksichtigung aller Elementanteile in den Lösungen berechnet worden. Gleiche Ergebnisse werden erhalten, wenn die Massenschwächungskoeffizienten der Probe für die Anregungsstrahlung gegenüber den Massenschwächungskoeffizienten für die Fluoreszenzstrahlung vernachlässigt werden. Der Matrixeinfluß wird demnach im wesentlichen durch die Absorption der Fluoreszenzstrahlung in der Lösung bestimmt. Hauptbestandteil der Lösung ist der Chlorgehalt der Matrix. Deshalb ergeben sich auch zahlenmäßig gleiche Resultate, wenn nur eine Berücksichtigung der Massenschwächungskoeffizienten von Chlor erfolgt. Unter der Voraussetzung, daß keine schwereren Elemente Bestandteil der Matrix sind, ist dann eine einfache Korrektur des Matrixeinflusses auf die quantitative Ergebnisse über eine simultane Bestimmung der Chlorkonzentration in der Probe realisierbar.

Der besondere Dank der Autoren gilt Frau *A. Barthel* für die gute Unterstützung bei der experimentellen Durchführung der Arbeiten.

Eingegangen am 28. 9. 1978

Literatur

[1] *S. Fine, C. F. Hendee*, Nucleonics **13** (1955) 36
[2] *G. D. Alkhasov*, Nucl. Instr. and Meth. **89** (1970) 155
[3] *T. Čechak, L. Moučka*, Radiochem. Radioanal. Lett. **24** (1976) 227
[4] *R. D. Dewey*, Handbook of X-Ray and Microprobe Data, in *H. A. Elion* and *D. C. Stewart* (eds.): Progress in Nuclear Energy, Series IX Analytical Chemistry, Vol. 9, Pergamon Press, Oxford, London, Edinburgh, New York, Toronto, Sydney, Paris, Braunschweig 1969

Determination of Oleum Concentration by Slowing Down of Fast Neutrons

B. Machaj, Z. Paryski

(Institute of Nuclear Research, Division XVA, Warszawa)[1]

Hydrogen weight content of oleum, which is the mixture of $H_2SO_4 + SO_3$, is correlated with oleum concentration in precisely described manner. Employing this correlation, concentration of oleum can be determined by measuring hydrogen content of oleum, by slowing down of fast neutrons. Investigations of prototype measuring head for measurement of oleum concentration, based on fast neutron slowing down principle, have been carried out. They indicate that achievable accuracy is 0,16%–0·53% of SO_3 content within measuring range 25%–65% of oleum concentration.

(D 22) INIS DESCRIPTORS:

accuracy; delayed neutron analysis; fast neutrons; hydrogen; hydrogen meters; slowing-down; sulfur oxides; sulfuric acid

Introduction

Knowledge of actual concentration of oleum during production process, allows proper control of the process, ensuring that the required final product can be achieved. Lack of suitable gauges for on-line measurements of oleum concentration encouraged investigations to develop such a gauge in our laboratory. It was required by the user, that the gauge should be able to measure oleum concentration within the range 25%–65% of SO_3 content with an accuracy not worse than ±1% of oleum concentration.

Earlier investigations concerning determination of sulphuric accid concentration [1] suggested that the principle of slowing down of fast neutrons should be used for measurement of oleum concentration. Determination of oleum concentration by measuring oleum density, which seemed also promising, was found unsatisfactory. Firstly, oleum density against its concentration which increases at lower concentrations, reaches saturation, or even falls down at higher concentrations limiting thus the range of upper concentrations that can be measured to less than required 65% of SO_3 content. Secondly, there is quite strong dependence of oleum density against temperature, which would lead to increased errors caused by oleum temperature variations, even when temperature compensation were introduced. Both these drawbacks are illustrated in fig. 1 based on literature data [2].

Feasibility measurements of slowing down of fast neutrons for oleum concentration were performed with substitute samples (wet sand) with positive result. To estimate accuracy of the

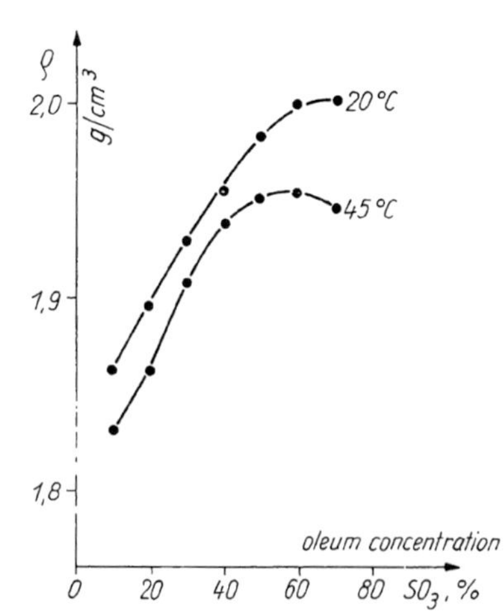

Fig. 1. Oleum density against SO_3 concentration at 20 °C and 45 °C

[1]) Address: ul. Dorodna 16, 03-195 Warszawa, Poland

method of oleum concentration, prototype measuring head was constructed and investigated. Results of these investigations are the subject of this paper.

Measuring Principle

The oleum concentration, which is the mixture of $H_2SO_4 + SO_3$, is defined as:

$$w_{ol} = \frac{M_{SO_3}}{M_{H_2SO_4} + M_{SO_3}} \tag{1}$$

It determines the SO_3 weight content in the mixture $H_2SO_4 + SO_3$. Similarly the weight content of H_2SO_4 is given by:

$$w_{ks} = \frac{M_{H_2SO_4}}{M_{H_2SO_4} + M_{SO_3}} \tag{2}$$

Thus:

$$w_{ol} + w_{ks} = 1 \quad \text{and} \tag{3}$$

$$w_{ol} = 1 - w_{ks} \tag{4}$$

Noting that weight concentration of hydrogen w_H to the weight concentration of sulphuric accid w_{ks} is:

$$\frac{w_H}{w_{ks}} = \frac{M_{H_2} : (M_{H_2SO_4} + M_{SO_3})}{M_{H_2SO_4} : (M_{H_2SO_4} + M_{SO_3})} = \frac{M_{H_2}}{M_{H_2SO_4}} = \frac{2}{98} \tag{5}$$

thus:

$$w_{ks} = \frac{98}{2} \cdot w_H \tag{9}$$

and equ. (4) can be rewritten:

$$w_{ol} = 1 - w_H \cdot 98/2 \tag{7}$$

allowing determination of oleum when hydrogen concentration w_H is known. The measurement of oleum concentration, can thus be brought to measurement of hydrogen concentration. The convenient method of determination of hydrogen concentration is slowing down of fast neutrons and detection of slow neutrons.

Among three component elements of oleum: H, O and S, hydrogen nuclei exhibit the largest slowing down power of fast neutrons, determining practically the total slow neutron flux, after fast neutrons travel through oleum layer. The slowing down power of nuclei of the medium is given by the expression $\xi\sigma_s$, where ξ is the quantity showing mean loss of neutron energy when collided with nuclei of the medium, and σ_s is the microscopic scattering cross section of fast neutrons. Mean loss of neutron energy is described by:

$$\xi = \overline{\ln \frac{E_0}{E_1}}$$

E_0 — neutron energy before collision
E_1 — neutron energy after collision

The scattering cross section σ_s is dependent on the energy of neutrons and varies in irregular manner against neutron energy.

Tab. 1. Slowing down power and microscopic cross sections of oleum component elements and of iron for fast and slow neutrons

Element	$\xi\sigma_{s1}$ barn	$\xi\sigma_{s2}$ barn	σ_{tr1} barn	σ_{tr2} barn	σ_a barn	σ_{trt} barn	A
H	2·761	19·2	1·669	6·40	0·294	32·9	1·01
O	0·079	0·48	1·806	3·64	0·0002	1·02	16·0
S	0·070	0·257	1·6	3·0	0·49	1·08	32·1
Fe	0·132	0·32	2·165	8·93	2·32	10·9	55·8

Tab. 1 gives slowing down power $\xi\sigma_{s1}$ for neutron energies in the range 0·183 MeV—10 MeV, and $\xi\sigma_{s2}$ for energies 1·44 eV—183 keV [2—6].

The thermal neutron flux is dependent on slowing down lengths L_1 and L_2 of the upper and lower neutron energy groups, and diffusion length L of the thermal neutron group. These quantities are given by [3]:

$$L_1^2 = \int_{E_1}^{E_s} \frac{1}{3\,\Sigma_{tr1} \cdot \xi\,\Sigma_{s1}} \frac{dE}{E} = \frac{1}{3(N\varrho)^2 \cdot \sum\limits_i \frac{w_i}{A_i}\sigma_{tr1i} \cdot \sum\limits_i \frac{w_i}{A_i}\xi\sigma_{s1i}} \cdot \ln \frac{E_s}{E_1} \tag{8}$$

$$L_2^2 = \int_{E_{sl}}^{E_1} \frac{1}{3\,\Sigma_{tr2} \cdot \xi\,\Sigma_{s2}} \frac{dE}{E} = \frac{1}{3(N\varrho)^2 \cdot \sum\limits_i \frac{w_i}{A_i}\sigma_{tr2i} \cdot \sum\limits_i \frac{w_i}{A_i}\xi\sigma_{s2i}} \cdot \ln \frac{E_1}{E_{sl}} \tag{9}$$

$$L^2 = \frac{1}{3\,\Sigma_a \cdot \Sigma_{trt}} = \frac{1}{3(N\varrho)^2 \cdot \sum\limits_i \frac{w_i}{A_i}\sigma_{ai} \cdot \sum\limits_i \frac{w_i}{A_i}\sigma_{trti}} \tag{10}$$

where:

$N = 6{\cdot}02 \cdot 10^{23}$ — *Avogadro*'s number
ϱ — density, g/cm³
w_i — weight percentage of element i
A_i — atomic weight of element i
σ_{ai} — microscopic capture cross section for thermal neutrons of element i
$\sigma_{tr1i}, \sigma_{tr2i}$ — microscopic transport cross section for fast neutron group 1 and 2 of element i
σ_{trti} — microscopic transport cross section for thermal neutrons of element i
$\sigma_{s1i}, \sigma_{s2i}$ — microscopic scattering cross section for fast neutron group 1 and 2 of element i

The weight percentages w_i appearing in above equations concerning H, O, S depend on oleum concentration. Hydrogen weight percentage can be obtained by rearranging equ. (7):

$$w_H = \frac{2}{98}(1 - w_{ol}) \tag{11}$$

Oxygen weight percentage is:

$$w_O = \frac{M_{O_4}}{M_{H_2SO_4}} w_{ks} + \frac{M_S}{M_{SO_3}} w_{ol} = \frac{64}{98}(1 - w_{ol}) + \frac{48}{80} w_{ol} = 0{\cdot}653 - 0{\cdot}0367 \cdot w_{ol} \tag{12}$$

and sulphur weight percentage against oleum concentration is given by:

$$w_S = \frac{M_S}{M_{H_2SO_4}} w_{ks} + \frac{M_S}{M_{SO_3}} w_{ol} = \frac{32}{98}(1 - w_{ol}) + \frac{32}{80} w_{ol} = 0{\cdot}3265 + 0{\cdot}0734 \cdot w_{ol} \tag{13}$$

Tab. 2 shows results of computation of L_1, L_2 and L for different SO_3 content. The slowing down length L_1 and L_2 varies considerably against oleum concentration and the diffusion length is large enough to enable determination of oleum by slowing down

Tabl. 2. Slowing down lengths and diffusion length against oleum concentration

SO_3 %	ϱ g/cm³	L cm	L_1 cm	L_2 cm	Remarks
10	1.8624	5.71	11.22	5.34	for oleum temp.
20	1.8964	6.03	11.79	5.66	$t = 20$ °C
30	1.9287	6.41	12.53	6.08	$E_s = 4.5$ MeV
40	1.9559	6.85	13.52	6.59	$E_1 = 183$ keV
50	1.9841	7.37	14.57	7.24	$E_{sl} = 1.44$ eV
60	2.0006	8.10	16.23	8.18	
70	2.0024	9.07	18.56	9.50	

Tabl. 3. Oleum concentration and corresponding count rates

Sample No.	SO_3 %	Count rate c/s	Average c/s	Remarks
1	24.45	153.4	152.3	100 s counting time
5	24.45	151.2		19 °C—20 °C oleum temp.
4	30.45	120.7	120.7	17 c/s background
7	60.8	60.3	60.3	when oleum container empty
2	65.0	56.6		497 c/s when container
3	65.0	56.4	56.8	filled with water
6	65.0	57.3		Pu-Be; 2.65 · 10⁵ n/s

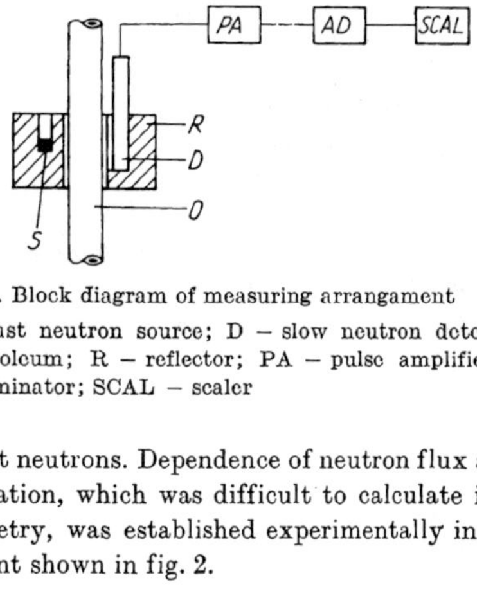

Fig. 2. Block diagram of measuring arrangement
S – fast neutron source; D – slow neutron detector; O – container with oleum; R – reflector; PA – pulse amplifier; AD – amplitude discriminator; SCAL – scaler

of fast neutrons. Dependence of neutron flux against oleum concentration, which was difficult to calculate in measuring head geometry, was established experimentally in measuring arrangement shown in fig. 2.

Experimental

Known oleum samples were placed in cylindrical containers imitating section of a pipe containing measured oleum. The acid resistant containers 4 mm thick are 500 mm long and 100 mm in diameter. Pu-Be fast neutron source $2.65 \cdot 10^5$ n/s, and slow neutron detector ^{3}He proportional counter ∅ 25 mm × 200 mm active volume, situated at opposite sides of the container, as well as the container itself are located in steel reflector, see fig. 3. The steel reflector on one hand is the support construction for source and detector, on the other it increases density of slow neutron flux reaching the detector. The count rate increase was from 36 c/s when there was no reflector to 153 c/s with steel reflector for oleum concentration approx. 25%. Because of heavy "smoking" of oleum when left in open container and related with it variation of SO_3 concentration, the measuring containers, after filling, were sealed. Separate containers were prepared for each sample. Experimentally established precission of measurements was 1% of count rate at confidence level 0.68.

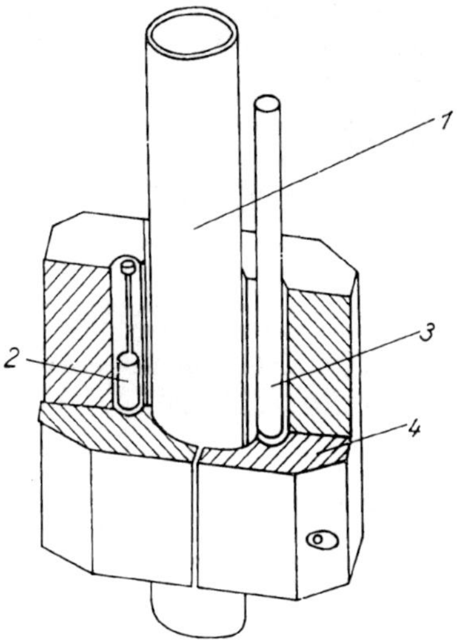

Fig. 3. Cross section view of measuring head
1 – container with oleum; 2 – fast neutron source; 3 – slow neutron detector and preamplifier; 4 – reflector

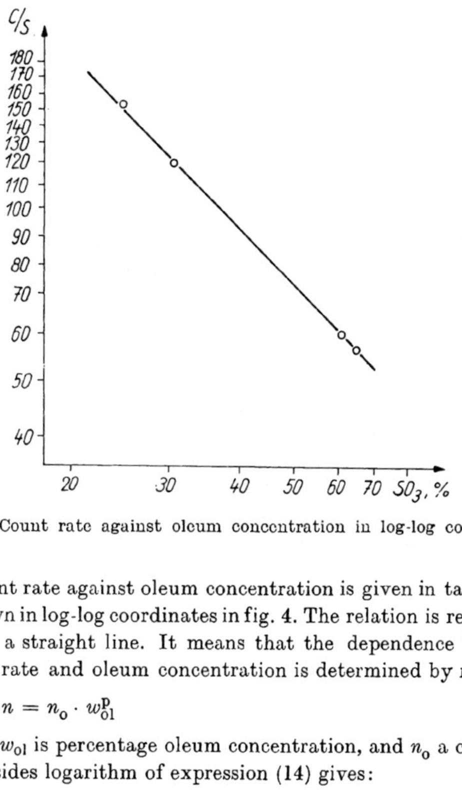

Fig. 4. Count rate against oleum concentration in log-log coordinates

Count rate against oleum concentration is given in tab. 3 and is shown in log-log coordinates in fig. 4. The relation is represented by a straight line. It means that the dependence between count rate and oleum concentration is determined by relation:

$$n = n_0 \cdot w_{ol}^p \tag{14}$$

where w_{ol} is percentage oleum concentration, and n_0 a constant. Both sides logarithm of expression (14) gives:

$$\log n = \log n_0 + p \cdot \log w_{ol}$$

writing $y = \log n$, $A = \log n_0$ and $x = \log w_{ol}$ one gets equation of straight line: $y = A + px$. The slope of the line is:

$$\frac{\Delta y}{\Delta x} = \frac{y_1 - y_2}{x_1 - x_2} = \frac{\log n_1 - \log n_2}{\log w_{ol\,1} - \log w_{ol\,2}} = \frac{\log (n_1 : n_2)}{\log (w_{ol\,1} : w_{ol\,2})}$$

$$= \frac{\log [152.3 : 56.8]}{\log [24.45 : 65]} = -1.0087$$

Substituting oleum concentration and corresponding count rate into equ. (14) the constant n_0 can be calculated:

$$n_0 = n/w_{ol}^p = 152.3/24.45^{-1,0087} = 3828 \text{ c/s}$$

thus the equation of calibration curve takes the form:

$$n = 3828 \cdot w_{\text{ol}}^{-1{,}0087} \tag{14a}$$

and is valid in the range of 25%–65% of SO_3 content, i.e. in the range of measurements performed. This equation will be used for estimation of accuracy of oleum concentration measurements by slowing down of fast neutrons. Differentiating equ. (14) one gets:

$$\frac{\partial n}{\partial w_{\text{ol}}} = n_0 \cdot p w_{\text{ol}}^{p-1} = \frac{p}{w_{\text{ol}}} n_0 \cdot w_{\text{ol}}^{p} = n \cdot \frac{p}{w_{\text{ol}}}$$

This relation can be rewritten:

$$\frac{\partial n/n}{\partial w_{\text{ol}}} = \frac{p}{w_{\text{ol}}} = S \tag{15}$$

Relation (15) expresses the dependence between the relative variation of count rate $\Delta n/n$ and variation of oleum concentration Δw_{ol}. Magnitude $|S|$ is the psysical sensitivity of slowing down of fast neutron method for determination of oleum concentration. At both ends of investigated measuring range the sensitivity equals $S_{25} = 1{\cdot}0087:0{\cdot}25 = 4{\cdot}03$ and $S_{65} = 1{\cdot}0087:0{\cdot}65 = 1{\cdot}55$ for oleum concentration 25% and 65% respectively.

The accuracy of determination of oleum concentration depends on stability of count rate which is influenced by many causes. The most important are: statistical fluctuations, instability of measuring equipment and temperature of measured medium.

Standart deviation of count rate caused by statistics of source decay is given by:

$$\Delta w_s = \frac{\sigma}{S} = \frac{1}{S} (n \cdot t)^{-1/2} \tag{16}$$

where t is counting time, n count rate and S is physical sensitivity. Assuming that oleum concentration gauge will be equipped with $5{\cdot}3 \cdot 10^5$ n/s Pu–Be source (0·5 Ci), two ^{3}He proportional counters which will increase the count rate by approx. 4 times, the standard deviation error will amount to $\Delta w_{s25} = 0{\cdot}1\%$ and $\Delta w_{s65} = 0{\cdot}42\%$ at measuring time 100 s and oleum concentration 25% and 65% correspondingly.

Long term instability of measuring head caused by detector and electronics instability established experimentally was 0·5% of count rate at confidence level 0·68. Long term instability was established by measuring count rate within two months, at fixed measuring geometry and oleum concentration 25%. Corresponding instability error expressed in percentage of oleum concentration is $\Delta w_{\text{in}\,25} = 0{\cdot}5:4{\cdot}03 = 0{\cdot}12\%$ and $\Delta w_{\text{in}\,65} = 0{\cdot}5:1{\cdot}55 = 0{\cdot}32\%$ at 25% and 65% oleum concentration.

The influence of oleum temperature on count rate stability was estimated basing on measurements of count rate for oleum samples at 0 °C and 20 °C and different oleum concentrations. Measured count rate variations were 1%–2% for oleum concentration 25%–65%. Taking into consideration the physical sensitivity, error caused by variation of oleum temperature is $\Delta w_{t25} = 0{\cdot}5:4{\cdot}03 = 0{\cdot}12\%$ and $\Delta w_{t65} = 1:1{\cdot}55 = 0{\cdot}56\%$ per 10 °C at both ends of measuring range of SO_3 content.

Conclusions

The investigations carried out show that continuous contactless determination of SO_3 content of oleum is possible by slowing down of fast neutrons, by means of relatively simple gauge. It was experimentally proved that such a gauge can operate properly in the range 25%–65% of oleum concentration. Considering statistical fluctuations and instability of electronics and detector as random and independent each from the other, the error caused by both of these reasons is 0·16%–0·53% of SO_3 content at confidence level 0·68 for oleum concentration and is smaller at lower SO_3 content. Such an accuracy can be achieved employing measuring head containing $5{\cdot}3 \cdot 10^5$ n/s Pu-Be source, two ^{3}He proportional counters and allowing measuring time of 100 s.

Variation of temperature of oleum introduces an additional error ranging from 0·12%–0·65% of SO_3 content per 10 °C depending on oleum concentration. If wider changes of temperature of oleum are expected, compensation of this effect should be introduced.

The authors wish to express their gratitude to Mrs. *Wojcik* and Mr. *Polak* from Tarnowskie Zaktady Przemystu Nieorganicznego "Polchem" in Toruń for preparation and chemical analysis of oleum samples. They wish also to thank to Mr. *J. Zieliński* from Biuro Projektów Inwestycji i Realizacji Inwestycji Przemystu Nieorganicznego "Biprokwas" in Gliwice for his valuable comments concerning the work.

Received December 15, 1977

References

[1] *B. Machaj, Z. Paryski*, Neutronowy miernik stężenia kwasu siarkowego. Paper submitted to: Krajowa Konferencja pt. Wykorzystanie Promieniowania Jądrowego w Gospodarce Narodowej, Poznań 1971

[2] Poradnik fizykochemiczny. Wyd. Nauk. Techn. 1974

[3] Technical Reports Series No. 112, Neutron Moisture Gauges, IAEA Vienna 1970

[4] *I. W. Gordeev, D. A. Kardashev, A. W. Maalyshev*, Yaderno fizicheskie konstanty, Gosatomizdat 1963

[5] *N. D. Fedorov*, Kratkij spravochnik inzhenera fizika, Moskva 1961

[6] Fizika Yadernych Reaktorov, Atomizdat 1964. Translation of Reactor Handbook by I. A. Stenbok

Production of Chlormerodrin-^{203}Hg at the Boris Kidrič Institute

Part II. Determination of Doses of Mercury as a Toxic Element, Introduced in Human Organism During Renal Scintigraphy

R. J. Drašković, N. M. Vanlić-Razumenić*, N. D. Paunković***

(* Boris Kidrič Institute of Nuclear Sciences, Vinča; ** Medical Center, Zaječar)

By radioactivation analysis, we have determined mercury concentrations applied to the organism through i.v. injection of chlormerodrin-^{203}Hg during the scintigraphic examination of kidneys. These concentrations vary in the range of 0·12 to 0·31 mg for one series of six production batches.

On the basis of these results we have found the administered quantities of mercury to be approximately 32—77 times lower than permitted usual daily doses; the doses are even considerably lower when Na-DMS is applied for the elimination of Hg from the kidneys.

(B 11) INIS DESCRIPTORS:

chelating agents; kidneys; mercury; mercury 203; neohydrin; neutron activation analysis; patients; radionuclide kinetics; radiopharmaceuticals; scintiscanning; toxicity

Introduction

Radiopharmaceutical chlormerodrin-^{203}Hg has shown a definite quality in scintigraphic examination and in the investigation of the function of the diseased kidneys so that, in spite of some disadvantages (high radiation dose and long biological half-time), it is still found in everyday use in numerous nuclear medical centers.

On the other hand, it is well known that mercury has high toxic effect so that, either in compounds or in the elementary form, it causes specific biological disturbances and poisoning. It is also known that the accumulation of mercury in the gums of miners in mercury ore mines or with people professionally dealing with mercury, has even fatal consequences. Another example is the poisoning of fish in Japan, in waters contaminated by industrial waste materials containing Hg, and poisoning caused by using such fish in everyday diet [1, 4].

In the light of these facts, our intention was to determine mercury doses applied i.v. with chlormerodrin-^{203}Hg in the scintigraphic examination of kidneys as well as the mercury quantities remaining in the organism even after the application of the reagents for its forced elimination [5].

With this aim in mind we determined, by neutron activation analysis, mercury content of single doses of chlormerodrin-^{203}-Hg for kidney imaging. We analyzed a series of six production batches.

In our earlier work [6] we applied sodiumdimercaptosuccinate (Na-DMS) for enhanced elimination of mercury-203 from kidneys after performed renal scintigraphy and achieved elimination of 80% of radioactivity (compared with 50% elimination spontaneously). On the basis of radioactivation analysis results, we now calculated the mercury quantity, eliminated by application of Na-DMS.

Experimental

Chlormerodrin-^{203}Hg solutions, produced at the Boris Kidrič Institute according to the procedure of Vanlić-Razumenić and coworkers [7, 8], were stocked and left to "cool" for two years, i.e. until decomplete decay of ^{203}Hg radioisotope ($T_{1/2} = 47$ d; $T_{\text{cooling}} > 10 \times T_{1/2}$). After this time the samples of 0·1 ml wertaken up (approximate application dose for one scintigraphic examination) in quarz ampuls. The samples were then freeze-dried. In order to avoid mistakes due to possible loss of ^{203}Hg by evaporation, from each of six production batches we lyophilized double sample: one with addition of complexing agent Na-DMS and other without addition. The freeze-dried samples were then irradiated simultaneously with the corresponding standard ($HgCl_2$) in the VKG channels of the RA reactor, Vinča. The termal neutron flux was $1{\cdot}5 \times 10^{13}$ n/cm^2 and the time of irradiation 24 h.

The irradiated samples were then "cooled off" for 50 d and measured on a 4096 channel analyzer (SEIN) with a Ge(Li) detector for 500 s.

Mercury concentration in the samples was determined by comparative method. Numerical calculation was performed using the relation:

$$C_x = \frac{C_s}{A_s} x\, A_x$$

where C_x and C_s are Hg concentration in the samples and in the standard, respectively; A_x and A_s are the corresponding photopeak radioactivities of irradiated samples and the standard, reduced to the same measurement time. All the measurements refer to the photopeak ^{203}Hg at $E_{\text{gamma}} = 279$ keV.

The ratio C_s/A_s has a constant value for the whole series of measurements and it is used as a factor for numerical calculation of the data.

We have not obtained divergence in results with double samples (with or without addition of complexing agent in freeze-drying procedure).

Results and discussion

The mercury concentrations (C_{Hg}) in each of six chlormerodrin-^{203}Hg production batches per one application dose (0·1 ml) are determined as described and presented in Tab. 1. The factor of the series in numerical calculation was $C_s/A_s = \frac{1{\cdot}0764 \times 10^{-4}\ \text{g}}{1{\cdot}0923 \times 10^{4}\ \text{imp}} = 0{\cdot}9854 \times 10^{-8}$ g/imp.

*) Address: 11001 Beograd, Yugoslavia, P.O.B. 522

Tab. 1. Mercury concentratious (C_{Hg}) applied for one kidney imaging determined in samples of six production batches of chlormerodrin-^{203}Hg

Batch No.	$C_{Hg/0\cdot1\ ml}$ $\times 10^{-4}$ g	Mean value $\overline{C}_{Hg/0\cdot1\ ml}$ $\times 10^{-4}$ g	Deviation ΔC_{Hg} $\times 10^{-4}$ g	Standard deviation $\pm\sigma$ $\times 10^{-4}$ g	%
1	3·127		+0·653		
2	3·105		+0·631		
3	2·434	2·366	−0·040	0·522	22·04
4	2·303		−0·171		
5	1·946		−0·528		
6	1·297		−0·547		

It is evident from the Tab. 1 that mercury concentration varies in the range of 1·297 to 3·127 × 10^{-4} g. Hypothetical (possible) mean value of the dose per one application is 2·378 × 10^{-4} g with a standard deviation of ±0·522 × 10^{-4} g, and with deviations varying from −0·547 × 10^{-4} to +0·653 × 10^{-4} g Hg.

That means:

$$\overline{C}_{Hg/0\cdot1\ ml} \pm \sigma = \begin{cases} (2\cdot378 \pm 0\cdot52) \times 10^{-4}\ g \\ 2\cdot378 \times 10^{-4}\ g \pm 22\,\% \end{cases}$$

within the range of

$$C_{Hg(min)} - C_{Hg(max)} = (1\cdot297 \times 10^{-4} - 3\cdot127 \times 10^{-4})\ g\ Hg$$

According to reference data [2, 3], organic mercury compounds have relatively low degree of toxicity as compared to inorganic compounds including neohydrin for which the data are available:

USP usual daily doses (oral application)

Neohydrin 55—110 mg; equivalent 30—60 mg Hg

Merck Index

Neohydrin 18·3—109·8 mg; equivalent 10—60 mg Hg

By taking into account the cited data and our results, it becomes evident that mercury concentrations injected into organism for one single scintigraphic examination of the kidneys, is 32 to 77 times lower than the lowest usual daily mercury dose applied orally.

The ^{203}Hg half-life is relatively long (47 d) and the natural elimination of chlormerodrin-^{203}Hg from the kidneys with urine is characterized by a "fast" component having biological half-time of 15 hours and a "slow" component for which this time is 71 day [9, 10].

These data point out to the fact that, having in mind the radiation dose received by the whole body and the kidneys, it is necessary to accelerate the elimination of ^{203}Hg from the organism.

By application of Na-DMS after neohydrin-^{203}Hg scintigraphy, resulting in enhanced clearence of ^{203}Hg, the content of mercury in kidneys was decreased quickly in the following way:

If 2·368 × 10^{-4} g Hg is applied in one scintigraphic examination, then in the first 24 h period only 50% of the total dose, i.e. 1·184 × 10^{-4} g Hg is eliminated spontaneously, with 1·184 × 10^{-4} g Hg still remaining.

When Na-DMS is used, the percentage of eliminated Hg increases to 80% for the same period (1·894 × 10^{-4} g Hg), with 0·4736 × 10^{-4} g Hg remaining in the organism.

Conclusion

We have determined by radioactivation analysis mercury concentrations introduced i.v. with neohydrin-^{203}Hg during one kidney imaging and found that they vary for a series of six production batches within the range of 0·12 to 0·31 mg Hg. The mercury content of our preparation falls in the range of all commercial preparations, according to *H. Wagner* [11].

As compared to the lowest usual oral doses of neohydrin, mercury doses applied for renal scintigraphy are 32 to 77 times lower.

By application of Na-DMS, these doses are decreased to be 200 times lower than the lowest usual oral daily dose.

Received August 8, 1978

References

[1] "Mercury Contamination in Man and His Environment", Technical Report Series N. 137; IAEA, Vienna 1972

[2] US Pharmacopeia, XIX Suppl. 1974

[3] Merck Index of Chemicals and Drugs, 7th edition 1960

[4] *W. Dreichmann, U. Gerard,* Toxicology of Drugs and Chemicals. Academic Press, London 1969

[5] *W. Shih-chün, T. Kuang-sheng,* and *W. Chih-chung,* Chinese Med. J. **84** (1965) 437

[6] *N. Vanlić-Razumenić, N. Paunković, R. Drašković,* Communication Presented on the 14th International Congress of Nucl. Med., Berlin, September 1976

[7] *N. Vanlić-Razumenić, R. Durkalić, D. Perović,* Isotopenpraxis **11** (1975) 243

[8] *N. Vanlić-Razumenić, D. Gorkić, D. Velimirović, S. Albahari, M. Todorović, J. Bzenić, D. Perović,* Radiol. Jugosl. **10** (1976) 163

[9] *M. Blau, M. A. Bender,* J. Nucl. Med. **3** (1962) 83

[10] *R. C. Reba, H. N. Wagner, J. G. McAfee,* Radiology **79** (1962) 134

[11] *H. N. Wagner,* Principles of Nuclear Medicine. Saunders Co., Philadelphia 1968, p. 636

Beispiele für die Anwendung der ^{15}N-Tracertechnik in der Düngungsforschung mit emissionsspektrometrischen Analysenverfahren (NOI-5; Isonitromat-5200)

H. Lippold, W. Ackermann, W. Teske

(Akademie der Landwirtschaftswissenschaften der DDR, Institut für Düngungsforschung Leipzig-Potsdam)[1]

Es werden Varianten der Probenchemie für ^{15}N-Bilanzexperimente in der Düngungsforschung vorgestellt, die den Erfordernissen des Isonitromat-5200 und des NOI-5 angepaßt sind. Die skizzierten Methoden umfassen die destillative Präparation markierter N-Mengen (0,1—1 mg) aus Bodenextrakten, verbunden mit einem Zusatz unmarkierter N-Mengen bei der Titration sowie eine für den Routinebetrieb geeignete N-Bestimmung in nicht angereicherten Pflanzenaufschlüssen mit dem Isonitromat-5200 als ^{15}N-Verdünnungsanalyse. Weiterhin werden einfache apparative Varianten zur Bestimmung von sog. gasförmigen Düngerstickstoffverlusten durch Denitrifizierung in gasdichten Kammern dargestellt.

Durch ^{15}N-Analyse von Luftproben über ^{15}N-angereicherten natürlichen Bodenmonolithen mit dem NOI-5 können unmittelbar die vom Dünger freigesetzten N_2- und N_2O-Mengen bestimmt werden. Bei Spezialversuchen in stickstofffreier Neon(He)-Atmosphäre können gebildete N_2-, NO- und N_2O-Spuren (um 1 Vol. %) nach gaschromatographischer Trennung (auf Perapak-Q) individuell am NOI-5 gemessen werden. Unter Verwendung von CO_2-Trägergas werden die N-Komponenten in einem Azotometer isoliert und mit Hilfe eines Dosierhahnes, dessen Volumen den geforderten Gasdruck garantiert, in Entladungsrohre überführt.

(C 41) INIS DESCRIPTORS:

emission spectroscopy; fertilizers; gas chromatography; isotope dilution; nitrogen; nitrogen 15; plants; quantitative chemical analysis; sample preparation; soils

Vorwort

Seit der Produktion der ersten nach dem Prinzip der Emissionsspektrometrie arbeitenden Gerätetypen in der DDR sind die an der Entwicklung beteiligten Wissenschaftler und Techniker bemüht, Probleme der Anwendung der ^{15}N-Tracertechnik in der Agrarforschung, Medizin und Biologie einer rationellen Lösung zuzuführen [1, 5]. Die Realisierung der automatisierten ^{15}N-Analyse in der Gestalt des Isonitromat-5200 schuf insofern eine neue Situation, daß dank der erhöhten Präzision und Produktivität die emissionsspektrometrische Methode weitere Anwendungsbereiche erschließen wird.

Im Kontakt mit potentiellen Anwendern werden gelegentlich Unsicherheiten in der Einschätzung der Leistungsfähigkeit der Tracertechnik spürbar, die ihre Ursache in dem Mangel an eigenen praktischen Erfahrungen haben; z. B. werden an die Genauigkeit der ^{15}N-Meßwerte oftmals ohne zwingende Notwendigkeit maximale Anforderungen gestellt. Solche Forderungen sind nur als Resultat einer Wichtung aller das Endergebnis beeinflussenden Operationen und variierenden Prozesse berechtigt. Die Risiken des intuitiven Vorgehens liegen nicht so sehr in der Verwendung unnötig hoher Anreicherungen als vielmehr in der willkürlichen Begrenzung der Einsatzmöglichkeiten.

Bevor einige analytische Varianten des ^{15}N-Einsatzes bzw. der Probenchemie, die speziell den Erfordernissen der genannten Geräte Rechnung tragen, vorgestellt werden, soll der Anwendungsbereich erläutert werden.

Unsere Untersuchungen auf dem Gebiet der Düngungsforschung, speziell zur Ausnutzung des Stickstoffs, zielen in vielen Fällen auf die Erstellung von N-Bilanzen hin. Nach Ablauf ausgewählter Zeitintervalle wird die Verteilung des Dünger-N in den Boden-N-Fraktionen, den Pflanzenteilen oder auch im Grundwasser kontrolliert. Entsprechende Versuchssysteme sind Feldmikroparzellen, Vegetationsgefäße und Lysimeter. Hervorzuheben sind Vegetationsversuche in hermetisch geschlossenen Kammern, die eine Kontrolle der Austauschprozesse mit dem atmosphärischen Stickstoff und damit Aussagen über die Fixierung des Luftstickstoffs und der N-Verluste durch Denitrifizierung ermöglichen [4].

Der Einsatz ^{15}N-angereicherter Düngemittel hat zwei Gründe: Einmal ist er analytische Voraussetzung für die Wiederfindung der gegenüber dem organischen Boden-N-Vorrat bzw. dem umgebenden Luftstickstoff geringen Dünger-N-Mengen, zum anderen dient die Markierung zur Unterscheidung von Boden- und Dünger-N, aufeinanderfolgender N-Gaben oder verschiedener N-Formen im Verlauf von Aufnahmeprozessen oder anderen Umsetzungen.

Die folgenden durch unsere Arbeitsgruppe adaptierten Methoden sollen die Anwender im Bereich der Agrarforschung anregen, die Tracertechnik schöpferisch einzusetzen und eigene methodische Kombinationen zu erproben.

1. Aufbereitung ^{15}N-angereicherter Bodenextrakte zur Bestimmung der löslichen Dünger-N-Anteile

Obwohl zur Bestimmung des NH_4- und NO_3-N in Bodenextrakten moderne kolorimetrische und elektrochemische Verfahren zur Verfügung stehen, behält die klassische Destillationsmethode ihre Bedeutung, da sie die quantitative Bestimmung vorteilhaft mit der präparativen Isolierung der Stickstoffprobe in der für die automatische ^{15}N-Analyse erforderlichen NH_4-Form verbindet. Im Gegensatz zum NH_4-N erfordert die destillative Nitratbestimmung bei jeder neuen Aufgabenstellung eine Abstimmung der Parameter im Hinblick auf die Vollständigkeit der Nitratreduktion einerseits und eine für genaue Titrationsergebnisse ausreichende Destillatmenge andererseits, da in Bodenextrakten Stoffe enthalten sein können, die die Nitratreduktion durch Devarda-Legierung hemmen. Die eingesetzte Extraktmenge sollte 25 ml nicht überschreiten und maximal 1 mg Nitrat-N enthalten, da mit Rücksicht auf den Blindwert und störendes Schäumen nicht beliebig viel Reaktionsgemisch zugesetzt werden darf.

Als Vorlage dienen 20 ml wäßrige Indikatorlösung. Der vielfach empfohlene Borsäurezusatz ist zur kurzzeitigen Bindung

[1]) Anschrift: 7022 Leipzig, PF 76

geringer NH_3-Mengen nicht notwendig; Borsäure kann nachträglich im Probenspeicher des Automaten auskristallisieren und Störungen verursachen.

Extrakte mit N-Gehalten über 2 mg/100 ml und Anreicherungen bis 30 At. % ^{15}N können ohne Probleme mit 0,01 N H_2SO_4 titriert und nach entsprechender Konzentrierung gemessen werden. Diese günstigen Voraussetzungen sind nicht immer erfüllt. Bei Bilanzexperimenten werden häufig hoch angereicherte N-Dünger eingesetzt, so daß die zu messenden ^{15}N-Häufigkeiten der löslichen N-Fraktionen 30 At.% überschreiten. Um in den Meßbereich des Automaten zu gelangen, setzt man eine bemessene Menge nicht angereicherten Stickstoff zu. Andererseits sind im Rahmen praxisorientierter Versuche die Konzentrationen des markierten Dünger-N in der Bodenlösung so gering, daß die vom Automaten geforderte optimale N-Menge in der Probe oft nur durch Vereinigung mehrerer Destillate erhalten werden kann.

Auch in diesem Fall kann man durch Zugabe von nicht markiertem Ammoniumstickstoff nach der Destillation Abhilfe schaffen. Wir empfehlen, die Destillate mit einer 0,005 N Schwefelsäure zu titrieren, die zusätzlich 0,02 N an Ammoniumsulfat ist. Diese Maßnahme verringert außerhalb des Meßbereichs des Automaten liegende ^{15}N-Gehalte und erhöht die der Analyse zugeführte N-Menge. Die Titration mit N-Zusatz hat einen weiteren Vorteil: man kann die Bestimmung kleiner markierter N-Mengen (0,1—0,5 mg/Destillat) mit einer Genauigkeit vornehmen, die nicht mehr vorrangig durch den Fehler der Titration begrenzt wird. Die im Destillat enthaltene Dünger-N-Menge wird nach der Mischungsgleichung errechnet:

$$N_{\text{Düng.}} = N_{\text{Destill.}} \frac{\%^{15}N_{\text{gemess.}} - 0{,}37\%}{\%^{15}N_{\text{gedüngt}} - 0{,}37\%}$$

Die N-Menge im Destillat kann jedoch nur ungenau bestimmt werden, da Titrierfehler bis $\pm 10\%$ in Kauf genommen werden müssen. Daher kann die vergleichsweise hohe Präzision der ^{15}N-Messung nicht voll ausgenutzt werden. Bei der beschriebenen Variante geht aber die zugegebene N-Menge, die praktisch keinen Fehlerbeitrag liefert, in die Berechnung ein und verdrängt den Titrationsfehler entsprechend dem Verhältnis der N-Mengen. Zwar verringern sich im gleichen Verhältnis die gemessenen ^{15}N-Häufigkeiten im Vergleich zu den ursprünglich in der Probe vorhandenen Werten, der daraus entstehende Nachteil wird jedoch durch die höhere Genauigkeit der Bezugs-N-Menge ($N_{\text{Destill.}} + N_{\text{Zugabe}}$) aufgewogen, vorausgesetzt, daß die ^{15}N-Meßwerte 2 At.% nicht unterschreiten.

Ähnliche Verhältnisse liegen bei einer bekannten Form der Verdünnungsanalyse vor, wo der Probe eine bemessene N-Menge mit abweichender Isotopenhäufigkeit zugesetzt wird und aus dem ^{15}N-Gehalt der Mischung auf die Zusammensetzung der Probe geschlossen wird. Die hier vorgestellte Variante ermöglicht aber — neben einigen praktischen Vorteilen, die sich aus der spezifischen Aufgabe ergeben — die Einhaltung eines engeren und für die ^{15}N-Messung günstigeren Verhältnisses von Proben-N und N-Zusatz.

Zur Abschätzung des sog. Memory-Effektes der Destillationsapparatur wurde die für die Destillation optimale N-Menge (0,5 mg als Ammoniumsulfat) mit unterschiedlicher Isotopenhäufigkeit unmittelbar aufeinanderfolgend destilliert. Als Meßwerte wurden in der Reihenfolge der Destillation 0,38 (0,37); 24,3 (25,7); 0,43 (0,37); 10,6 (10,8); 0,38 (0,37); 10,4 (10,8); 0,39 (0,39) At. % ^{15}N erhalten (die theor. Häufigkeit steht in Klammern). Unter der hier bewußt nicht erfüllten Voraussetzung, daß die zur Destillation eingesetzten Proben optimal gruppiert werden, beeinflußt der Memory-Effekt die Meßwerte nicht erheblich.

2. N-Bestimmung in Pflanzenaufschlüssen mit dem Isonitromat-5200 nach der Isotopenverdünnungsmethode

Die Analyse von nicht markierten Pflanzenproben gehört nicht unmittelbar zum Komplex der N-Bilanzexperimente, soll aber in diesem Rahmen als Variante der Tracertechnik im Routineanalysenbetrieb empfohlen werden. Bezüglich der mathematischen und methodischen Grundlagen wird auf umfassendere Arbeiten verwiesen [2]. Das Verfahren beruht auf der bekannten Tracerfunktion:

$$N_{\text{Probe}} = N_{\text{Tracer}} \frac{^{15}N_{\text{Tr.}} - {}^{15}N_{\text{Tr.+Pr.}}}{^{15}N_{\text{Tr.+Pr.}} - {}^{15}N_{\text{nat.}}}$$

Man setzt einer definierten Probenmenge eine kleine hochangereicherte N-Menge zu und ermittelt die ^{15}N-Häufigkeit der Mischung nach vollzogenem *Kjeldahl*-Aufschluß.

Vor dem Aufschluß werden 1,00 mg N in Form von 50 µl einer auf etwa 25 At.% ^{15}N angeereicherten Ammoniumsulfatlösung zugesetzt. Zusammen mit 500 mg Probe, 4 ml konz. Schwefelsäure und 0,5 g Selen/K_2SO_4-Katalysatorgemisch (1:10) wird in sog. Demonstrations-Reagenzgläsern 30 min im Aluminiumblock bei 380 °C aufgeschlossen. (Der Aufschluß im Halbmikromaßstab setzt sich aufgrund des geringen Chemikalien- und Energiebedarfs zunehmend in allen Bereichen durch, die auf feingemahlenes Probengut zurückgreifen können.)

Das Problem besteht in der Nachbehandlung der Aufschlußlösung, da der Automat bei *p*H-Werten von 3—6 und N-Gehalten um 0,4 mg/ml in der Probenlösung optimal arbeitet. Es wird folgendes Schnellverfahren empfohlen: Bei dem gewählten Verhältnis Probenmenge zu Schwefelsäure ist die nach dem Aufschluß unverbrauchte Säuremenge gering und bei gleichem Probenmaterial annähernd konstant. Man gibt nach dem Abkühlen zuerst 20 ml Natriumacetatlösung (150 g/l) und danach (Arbeitsschutz!) 10 ml NaOH (5,5 N) zu. Der überwiegende Teil der Restsäure wird durch die Natronlauge gebunden und die restliche Acidität durch das Natriumacetat abgestumpft. Die Gefahr der Überneutralisation und des Entweichens des Ammoniumstickstoffs wird so zuverlässig vermieden.

Nach dem Absetzen fester und evtl. ausflockender Bestandteile wird 1 ml der neutralisierten Aufschlußlösung dem Automaten zugeführt.

Anhand der ausgedruckten ^{15}N-Meßwerte können die N-Gehalte errechnet werden, vorteilhafter ist die Aufstellung einer Eichreihe von Standard-Pflanzenproben, deren N-Gehalte (im Bereich von 1—5%) zusätzlich destillativ bestimmt wurden. Die N-Gehalte beliebiger Proben sind durch Interpolation zugänglich. Auf diese Weise werden Schwankungen der Reinheit der Reagenzien, der Tracerzugabe und in der Kalibrierung des Automaten zwischen größeren Serien eliminiert. Es empfiehlt sich, jeder Serie — pro Tag sind 100 Proben möglich — 2 geeignete Standardproben beizufügen. Tab. 1 zeigt ^{15}N-Meßwerte von

Tab. 1.

Probe-Nr.	% N destill.	Atom-% ^{15}N $\bar{x}$	Abweich. v. $\bar{x}$ ±% rel.
1	1,12	3,80	0,4
2	1,51	3,09	0,2
3	2,00	2,46	0,4
4	2,08	2,12	0,8
5	2,94	1,86	0,8
6	3,29	1,70	0
7	3,70	1,54	1,3
8	4,02	1,44	1,1

Standardproben (Stroh, Körner, Grünpflanzen von Getreide und Gras) als Mittelwerte von 3 Parallelaufschlüssen.

Tab. 2. Vergleich der nach der Isotopenverdünnungsmethode gemessenen Stickstoffgehalte mit den entsprechenden destillativ bestimmten Werten (Doppelaufschlüsse von Kornproben; Werte in % N)

Probe	Verdünnungsanalyse		Destillation	
1	1,10	1,10	1,07	1,09
2	1,87	1,86	1,86	1,84
3	1,83	1,85	1,87	1,86
4	2,08	2,11	2,08	2,09
5	1,79	1,79	1,82	1,82
6	1,00	0,99	1,02	1,01
7	1,92	1,91	1,99	1,97
8	1,74	1,76	1,78	1,78
9	1,53	1,54	1,54	1,56
10	1,00	1,01	1,03	1,02
11	1,97	1,96	1,97	1,96
12	2,06	2,04	2,07	2,06

Tab. 2 zeigt routinemäßig analysierte Proben; die mittlere Abweichung von den zur Kontrolle nachträglich destillativ bestimmten N-Gehalten ist mit 1,5% rel. im landwirtschaftlichen Versuchswesen prinzipiell tolerierbar, da z. B. die Erntegewichte der obligatorischen 4 Parallelversuche biologisch bedingt erheblich stärker variieren.

Die Verdünnungsanalyse ist eine wirtschaftliche und produktive Alternative zu teilautomatisierten kolorimetrischen oder destillativen Verfahren für Institutionen, die die Kapazität des Isonitromat-5200 auch quantitativ auszulasten bemüht sind.

3. Bestimmung gasförmiger Stickstoffverluste mit Hilfe der Tracertechnik und der Gaschromatographie

Trotz des hohen technischen Aufwands wird die direkte Messung freigesetzter gasförmiger N-Verbindungen vielfach der indirekten Berechnung der Verluste anhand der Restbilanz vorgezogen. Aufgrund der zahlreichen Fehlerquellen der Bilanzmethode werden die Ergebnisse oft angezweifelt bzw. der direkten Bestimmung die höhere Beweiskraft zugesprochen, obgleich sie als abgeschlossenes Versuchssystem Risiken im Hinblick auf die Erhaltung der natürlichen Bedingungen eingeht.

a) *Bestimmung der N-Verluste durch Messung der ^{15}N-Anreicherung der den Boden umgebenden Atmosphäre*

Diese Variante ermöglicht Messungen an ungestörten Bodenmonolithen auch unter Freilandbedingungen, da sie keiner technischen Voraussetzungen für die Substitution der natürlichen Atmosphäre durch Edelgas bedarf. Es ist lediglich erforderlich, den Bodenmonolithen, der durch Einrammen eines Hohlzylinders isoliert wird, einschließlich eines angemessenen Luftraumes dicht abzuschließen.

Im Ergebnis der Denitrifizierung der gedüngten N-Quelle tritt ^{15}N-angereichertes N_2 und N_2O in die Kammeratmosphäre über; unter Berücksichtigung der in ihr enthaltenen Gesamt-N-Menge erhält man über den ^{15}N-Gehalt die Verlustmenge, und zwar als Summe N_2- und N_2O-N (im Ergebnis der Hochfrequenzanregung im Entladungsrohr des NOI-5 verhält sich das N_2O im untersuchten Konzentrationsbereich analog dem N_2).

Die Überführung von Atmosphärenproben in das Entladungsrohr gestaltet sich überraschend einfach: Die Kammer kommuniziert mit einem Dosierhahn, dessen einseitige Bohrung das für den Entladungsdruck (3–5 Torr) erforderliche Gasvolumen beinhaltet. Das Entladungsrohr wird mit dem Dosierhahn verbunden, wobei über ein Zwischenstück die Evakuierung vorgenommen werden kann. Zunächst werden – in entsprechender Position – Dosierbohrung und Entladungsrohr mit enthaltenem Trockenmittel (0,1 g CaO) evakuiert, wobei letztere mit dem Brenner ausgeheizt werden. Nach Unterbrechung der Vakuumleitung vollzieht eine volle Umdrehung des Dosierhahnes die Überführung der Gasprobe; wenige Minuten nach dem Abschmelzen kann die Probe gemessen werden.

Der hohe Sauerstoffgehalt stört die N_2-Anregung nicht, vorausgesetzt, daß Feuchtigkeit restlos eliminiert wurde. Verbliebene Wasserspuren verursachen erhöhte bis unbrauchbare Werte, in vielen Fällen zündet die Probe nicht.

Die Nachweisgrenze der Methode sei an folgendem Modellfall erläutert: Ein Bodenareal von 100 cm^2 wird mit 100 mg N (96 At.% ^{15}N) entsprechend einer Aufwandmenge von 100 kg N/ha gedüngt und mit einem Hohlzylinder gleicher Grundfläche und 1 m Höhe abgedeckt. Wenn sich 10 mg Dünger-N als gasförmige Verluste mit der Kammeratmosphäre mischen, ergibt sich ein ^{15}N-Überschuß von $0,10 \pm 0,02$ At.%.

Diese Genauigkeit ist für Untersuchungen über die Relevanz der Denitrifizierung ausreichend, da es nicht darauf ankommt, für die Bilanz und die Praxis bedeutungslose Verluste von 2 kg N/ha genau zu messen, sondern agrotechnische Bedingungen mit hohen Verlustrisiken einzugrenzen. Es ist überdies nicht bei allen Fragestellungen erforderlich, einen Luftraum von 1 m Höhe zu erfassen.

Dieses einfachste Verfahren zur direkten Messung von Verlusten [3], das bisher der massenspektrometrischen Methode vorbehalten war, hat leider einen prinzipiellen Nachteil: evtl. denitrifizierter Boden-N entzieht sich der Messung, wenn er als N_2 vorliegt.

Es ist allerdings möglich, aus dem ^{15}N-Gehalt von vorhandenem N_2O auf den Bodenanteil an der N_2-Freisetzung zu schließen, da N_2O als Zwischenprodukt in der Denitrifikationsfolge auftritt. Die individuelle ^{15}N-Analyse in N_2/N_2O-Mischungen setzt eine gaschromatographische Trennung voraus (s. 3b).

(Ebenfalls mit Hilfe der Gaschromatographie wird die O_2- und CO_2-Dynamik zur Kontrolle der Versuchsbedingungen, sowie die N_2O-Bildung als Signal für stattfindende Denitrifzierung gemessen.)

b) *^{15}N-Analyse von N_2, NO und N_2O-Spuren in Edelgas-Modellatmosphären nach gaschromatographischer Isolierung*[1])

Im allgemeinen werden Untersuchungen über Denitrifizierung mit ausgeprägtem Modellcharakter wie z. B. zu Fragen der Wechselwirkung mit Boden-N-Fraktionen, die eine gemeinsame oder synchrone Freisetzung von Dünger- und Boden-N zur Folge haben, in einer stickstofffreien Edelgasatmosphäre durchgeführt. Die Reaktionsprodukte NO, N_2O vor allem aber N_2 können mit hoher Empfindlichkeit gaschromatografisch erfaßt werden.

[1]) Das unter 3 b beschriebene Trennverfahren (einschließlich der Abb. 1 u. 2) wurde bereits veröffentlicht in *K. Beer, H. Lippold, W. Ackermann,* „Stable Isotopes in the Life Sciences" Proceedings of a technical committee meeting, Leipzig, 14 – 18 february 1977; International Atomic Energy Agency, Vienna, 1977, Seite 189 – 196

Titel: Emission-spectrometric determination of nitrogen-15 in trace amounts of N_2, NO and N_2O after gas-chromatographic separation: a new combined method for investigating denitrification in soil

Eine unmittelbare ^{15}N-Analyse der Gase (wie unter 3a) ist nicht möglich, weil der Luftstickstoffgehalt der Modellatmosphäre fehlt.

Das Problem besteht in der Isolierung der N-Spuren von der Edelgaskomponente (in unserem Fall Neon) und der getrennten Präparation mit Hilfe der Gaschromatographie. Abb. 1 zeigt die Versuchsanordnung. Mit einer Dosierschleife werden 2 ml Modellatmosphäre über analytische Trennsäulen mit Porapak Q geleitet. Als Trägergas dient 99,96%iges CO_2 (die Gaschromatographie-Parameter sind so zu optimieren, daß die zu isolierenden Spuren möglichst wenig durch Trägergas verdünnt werden, also als schnelle und scharfe peaks austreten, damit der Stickstoffgehalt des Trägergases vernachlässigt werden kann. Eine 1 m-Säule trennt bei 25 °C N_2O von Ne, N_2 und NO und eine 6 m-Säule bei 0 °C N_2 von NO und beide Gase von Ne und N_2O).

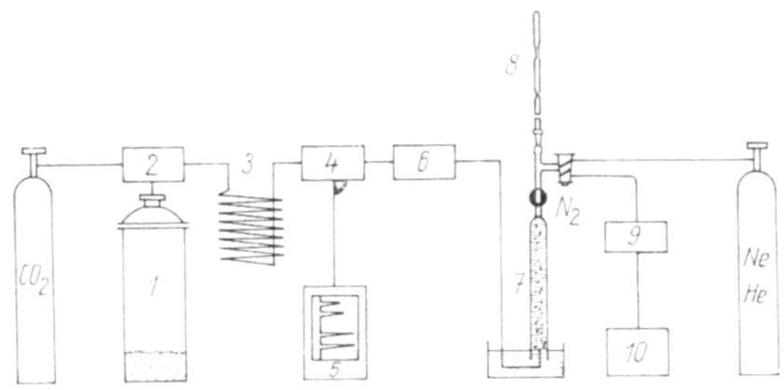

Abb. 1. Aufbau der Apparatur

1 – Inkubationskammer; 2 – Dosiereinrichtung; 3 – gaschrom. Trennsäule; 4 – Detektor (WLD); 5 – Schreiber; 6 – Reaktor (Cu; 400 °C); 7 – Azotometer; 8 – Entladungsrohr; 9 – Vakuummeter; 10 – Vakuumpumpe

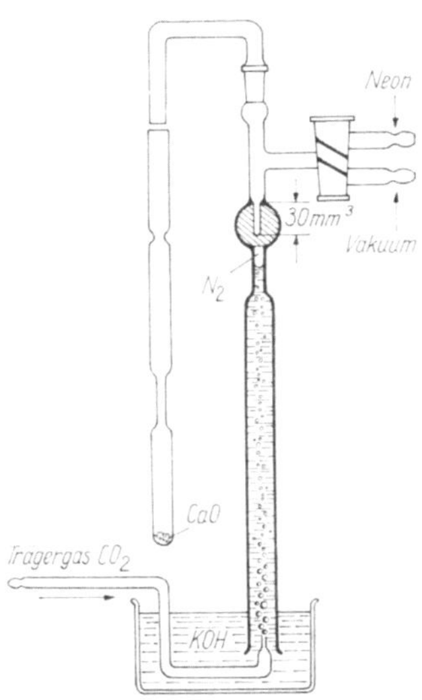

Abb. 2. Azotometer

Während der Wärmeleitfähigkeitsdetektor den Peak des zu isolierenden Gases signalisiert, wird der austretende Gasstrom in ein Azotometer geleitet, worin das Trägergas gebunden und die N-Komponente abgeschieden wird. Die Gasprobe wird mit dem beschriebenen Dosierhahn in ein Entladungsrohr überführt und am NOI-5 gemessen (Abb. 2).

Die Präparation von NO verläuft analog. Bei der N_2O-Bestimmung muß vor dem Eintritt in das Azotometer ein Reaktor mit erhitztem Kupfer passiert werden, wo eine Reduktion zu N_2 erfolgt. Die erhebliche Löslichkeit von N_2O in Kalilauge würde sonst zu hohen Fehlern führen, bzw. die Gewinnung ausreichender N-Mengen in Frage stellen.

Zur Demonstration der Genauigkeit wurden N_2O/Ne-Mischungen mit 1,5 Vol. % N_2O und ^{15}N-Gehalten von 0,37, 2,50 und 12,0 At. % analysiert. In der Reihenfolge der Proben wurden 0,40, 2,30, 2,45, 11,5, 11,8, 0,60, 0,40 At. % ^{15}N gemessen. Erwartungsgemäß wird eine Beeinflussung der nachfolgenden Proben sichtbar, die durch Doppelanalysen ausreichend reduziert werden kann.

Der Zeitaufwand für die Präparierung einer Probe einschließlich des Abschmelzens überschreitet 5 min nicht.

Abschließend sei erwähnt, daß das unter 3a beschriebene Verfahren als Vereinfachung aus den Arbeiten zur gaschromatographischen Trennung hervorgegangen ist. Auch die angedeutete separate ^{15}N-Analyse von N_2 und N_2O kann unter diesen Versuchsbedingungen stark vereinfacht werden.

Mit Hilfe des Gaschromatographen wird lediglich N_2/O_2 von N_2O getrennt und im Azotometer aufgefangen (N_2O wird verworfen). Aus der gaschromatographisch bestimmten N_2O-Menge und zwei ^{15}N-Messungen (N_2 und N_2/N_2O) kann der ^{15}N-Gehalt des N_2O errechnet werden.

Eingegangen am 9. 6. 1978

Literatur

[1] *H. Faust*, Isotopenpraxis **3** (1967) 100

[2] *H. Faust, G. Müller, H. J. Stört*, Isotopenpraxis **12** (1976) 205

[3] *B. N. Makarov*, Agrochimija [Moskva] (1975), 5, S. 125

[4] *P. J. Ross, A. E. Martin, E. F. Henzell*, Nature [London] **204** (1964) 444

[5] *K. Wetzel*, Isotopenpraxis **10** (1974) 85

High Sensitive Devices for Radioisotope-Determination in Plant — Soil Materials

M. Králová, F. Kysela, O. Šorejs

(Institute of Experimental Botany, Radiological Department Czechoslovak Academy of Sciences, Prague)[1]

The Institute of Experimental Botany of the Czechoslovak Academy of Sciences in Prague has been the methodic centre for isotopic applications to plant — soil material and their utilization for agricultural purposes. The highly sensitive devices were developed partly on the basis of commercial apparatuses, partly they were constructed in the workshop of the Institute. With these devices compounds labelled with ^{14}C, ^{35}S, ^{3}H, ^{32}P and double labelled compounds have been measured.

(B 11) INIS DESCRIPTORS:

calcium 45; carbon 14; labelled compounds; liquid scintillators; plants; performance; phosphorus 32; radioassay; soils; sulfur 35; tritium

Introduction

The Radiological Department of the Institute of Experimental Botany, Czechoslovak Academy of Sciences in Prague has been the methodic centre for radio-isotopic applications to plant—soil material and their utilization for agricultural purposes. The field of interests has been steadily enlarged and it has been embarked on fundamental research. The apparatus used at the Radiological Department consists partly of the modified commercial devices and partly of the self-constructed technical equipment.

The investigation of N-transformations in plant – soil material in the combination with glucose, the biosynthesis of indolederivatives and its regulation in higher plants, the nucleic acids fractionation are among the research projects. The biochemical problems have been studied using double-labelled compounds.

Devices

Measuring of the radioactivity in solid samples on standard dishes

The measurements were carried out with the automatic device TESLA NQ 615 modified for our purposes and consisting of the units, as follows (Fig. 1):

Fig. 1. The device for measuring of the radioactivity in solid samples on the standard dishes

[1]) Address: 16000 Praha 6, Ke dvoru 16/15, Czechoslovakia

1) detector – 2π special proportional gas flow counter with the input endwindow, window absorption was reduced to a minimum by making the window of very thin Hostaphan foil coated with aluminium to 0·4 mg/cm² weight, the preamplifier was placed in a Pb shielding
2) high voltage supply D.C. to 3 kV
3) linear pulse amplifier D.C.
4) electronic stop watch
5) stop — start unit
6) automatic dish sample changer
7) digital register Ascota
8) pressure bottle with propane gas

Limit of detection for ^{14}C, ^{35}S, ^{45}Ca — 150 decay min^{-1}
for ^{32}P — 150 decay min^{-1}

Background: ~ 25 imp min^{-1}

Maximum of measured activity: 10^{+6} decay min^{-1}

Efficiency of the 2π counter for ^{14}C, ^{65}S . . . 21—29%
for ^{32}P . . . 43%

Accuracy of measuring: 4—5%

The commercial proportional gas flow counter was modified. To improve the geometry of measuring, the endwindow was made from special synthetic material with the molybden lattice to 0·15 mg/cm² weight (to serve as an additive cathode). The high voltage supply D.C. was modified to the range 3 kV. The original dish was substituted by a new dish-holder,with the modified sample dish to improve the geometry of measurement and to secure the untroubled working of the automatic changer. Propane was chosen as the counting gas for its suitable ionizing property and its purity compared with methan.

Device for the evaluation of thin-layer chromatograms and acrylamide gel electrophoresis using labelled radio-compounds

The device was of non-commercial production and was constructed in the Radiological Department. It consisted of (Fig. 2):

1) detector — 2π gas flow proportional counter with input diaphragm slit 20 × 1 mm with the Hostaphan metalocated (Al) input endwindow, weight 0·4 mg/cm²
2) high voltage supply D.C. to 3·2 kV
3) preamplifier and linear pulse amplifier D.C.
4) integrator and nuclear scalar (commercial unit)
5) transport unit of samples with the changeable advance speeds from 20 mm to 600 mm per hour
6) register LP for the paper width of 280 mm (commercial unit)

Limit of detection for ^{14}C, ^{35}S — 150 decay min^{-1}
for ^{32}P — 100 decay min^{-1}

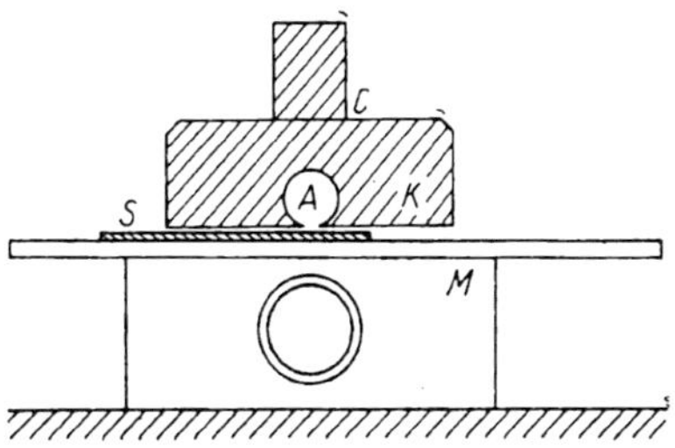

Fig. 2. The scheme of the device for the evaluation of thin-layer chromatographic analysis and polyacrylamidelectrophoresis

C – gas flow proportional counter; A – anode; K – kathode; S – radioactive sample on the thin-layer; M – drive mechanism for the sample

Background: 18–20 imp min^{-1}
Efficiency of the 2π counter for ^{14}C, ^{35}S, ^{45}Ca . . . 20–25%
for ^{32}P . . . 43%
Reproducibility of the record: peak distribution . . . 100%
peak heights . . . 90%

The described device was constructed for evaluating ^{32}P labelled fractions of nucleic acid from plant material as analysed by means of electrophoresis on polyacrylamide gels. The detector is a gas flow counter of special construction (domestic construction), the design of which offers maximum performance with respect to counting yield and background. The detector was designed to ease decontamination. Window-less measurement is mandatory for the detection of ^{3}H, whereas a window may be used for all other β-emitters without any important loss of the counting yield. The transport unit was equipped with one-dimensional drive mechanism permitting precise horizontal movement of the thin-layer plates under the detector.

Evaluation of radioactive paper chromatograms

The measuring of radioactive paper chromatograms has been carried out with the device constructed in our Radiological Department. It consists of (Fig. 3):

1) detector — double 4π gas flow porportional counter, propane as a working gas, input diaphragm slit 40 mm × 2 mm with Hostaphan metallized window of 0·4 mg/cm^2 weight

Fig. 3. The device for evaluation of radioactive paper chromatograms

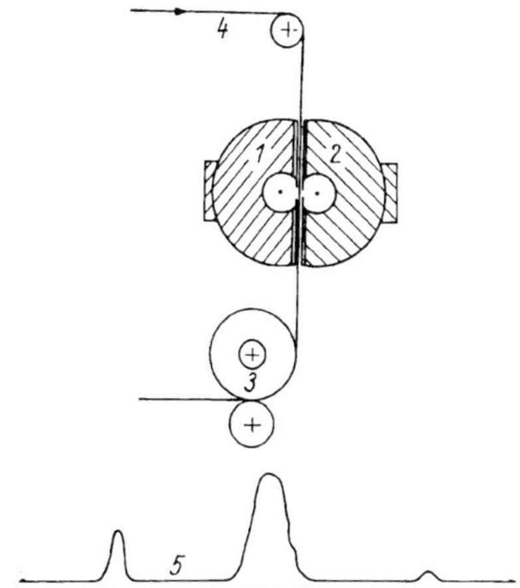

Fig. 4. Scheme of the transport unit for paper strip of the radiochromatogram scanner in 4π geometry

1, 2 – gas flow proportional counters; 3 – drive cylinder by a resilient idle roller; 4 – radiochromatographic strip; 5 – graphical evaluation after radiochromatographic analysis

2) high voltage supply to 3 kV
3) preamplifier and linear pulse amplifier D.C.
4) integrator
5) transport unit of paper strips (38 mm × 400 mm) or more, advance speed selected in steps between 600–1200 mm per hour (Fig. 4)
6) paper register LP for the paper width 280 mm

Limit of detection for ^{14}C — 100 decay min^{-1}
for ^{3}H — 6000 decay min^{-1}
Background: 50 imp min^{-1}
Efficiency of the 4π counter for ^{14}C, ^{35}S, ^{45}Ca . . . 20–25%
for ^{32}P . . . 42%
for ^{3}H . . . 0·7–1%
(windowless)
Reproducibility of the record: peak distribution . . . 100%
peak height . . . 90%

This device was designed for the evaluation of radioactive paper chromatograms used for analyzed biological material. The geometry of the specially coustructed counter permited the 4π proportion of the radiation to enter the sensitive zone of the counter. The shifted speed was 1200 mm per hour, the width of the slit was 2 mm, the slit length was 40 mm. The detector, preamplifier and linear pulse amplifier D.C., integrator, and transport unit of paper strips were developed in our department. The paper strip was pressed against the drive cylinder by a resilient roller.

Liquid scintillation techniques

The liquid scintillation computer Mark I (the firm Nuclear Chicago Corporation 1966) is represented in Fig. 5. This counter system detects radioactivity by means of a liquid scintillator and a multiplier phototube. The radioactive substance is put into intimate contact with the scintillation solution by dissolving it, suspending it, or immersing it in liquid solution. Several liquid scintillators were tested and their evaluation was presented in Tab. 1. The Cerenkov radiation used in some animals and plant samples was applied, but with an efficiency reduced to 25–30% and only for elements with a high beta energy. Tab. 2. shows the efficiency when using *Cerenkov* radiation.

Results

The simple method used for measuring radioactivity depends on the use of an endwindow counter beneath which the solid sample

Tab. 1. Evaluation of the Different Scintillator Cocktails for Several Radioisotopes by means of the Computer Mark I

Radio-isotope	Scintillation Cocktails	Efficiency % Scintil. Cocktail without dilution	Efficiency % Scintil. Cocktail with dilution 1% or 8% H_2O	
^{3}H	SLD 31 Spolana Neratovice	40	34	27
	SLT 31 Neratovice	4	*)	
	SLS 31 Neratovice	27	26	
	SLX 31 Res. Inst. of Nucl. Instrum. Premysleni.	48	*)	
	SLX 31 Res. Inst. of Nucl. Instrum. Premysleni.	36	30	22
	Toluen Cocktail Nuclear Chicago	52	*)	
	Triton toluen Cocktail Inst. Exp. Botany	36	35	31
	Insta-Gel Packard	36	35	34
	KL 372 Koch-Light	39	37	30
	KL 358 S Koch-Light	41	34	32
	Brey Cocktail	32	26	23
^{14}C	SLD 31	84	80	77
	SLT 31	86	*)	
	SLS 31	83	79	
	SLX 31	87	*)	
	SLE 31	85	82	80
	Toluen Cocktail Nuclear Chicago	87	*)	
	Triton toluen Cocktail Inst. Exp. Botany	86	80	80
	Insta-Gel Packard	75	70	65
	KL 372 Koch-Light	86	83	80
	KL 358 L Koch-Light	85	83	81
	Brey Cocktail	84	83	78
^{35}S	SLD 31	60		
^{32}P	SLD 31	67		
	SLT 31	66		
	SLE 31	67		
	Triton toluen Cocktail Inst. Exp. Botany	67		
	NEF 834 NEN	65		
	PCS Amersham-Searle	79		
	Insta-Gel Packard	71		
	KL 372 Koch-Light	71		
	KL 358 S Koch-Light	67		
	H_2O	26—29	**)	
	Chloronaphthalene BDH	35—42	**)	
	Plastic scintillator	50	***)	

*) The toluene and xylene scintillators do not mix with water.
**) *Cerenkov* counting
***) Plastic scintillator in Glass-Vial-Form

is placed. The reconstructed devices for measuring the activity in solid samples on standard dishes have allowed to detect ^{14}C, ^{35}S with 21—29% efficiency with a 2π counter, ^{32}P with a 43% efficiency in the same geometry. The substitution of the dish holder, the improvement of the material for the end-window and the substitution of counting gas have reduced the limit of detection and the efficiency of measurement.

It is usually convenient to spread the soluble or suspensible substances on a small slide 26 mm × 75 mm in an area which required 0·1—1·0 mg of sample. These compounds are selectively labelled with ^{14}C, ^{32}P, ^{3}H in their molecular size. The device constructed for the evaluation of thin layer chromatograms and acrylamide gel electrophoresis using labelled radio-compounds yields amounts to 20—25% for ^{14}C, ^{35}S, 33% for ^{32}P and 2—3%

Fig. 5. Liquid scintillation computer Mark I (Nuclear Chicago Corporation 1966)

for ^3H. The transport unit of samples (domestic construction) automatically executes a one-dimensional scanning program passing the plate directly under the radiation detector. The pulses from the detector are amplified and fed into the radiometric electronics with associated recording unit. The 2π-gas flow proportional counter offers a high efficiency and improves the limit of detection.

Paper chromatographic separation of aromatic hydrocarbons using aqueous solution of acetic acid and *Whatman* papers has been used in our laboratories. Developed chromatograms were dried and irradiated with ultraviolet light, radioactive aromatic hydrocarbons were detected by the special proportional gas flow counter using propane. The advantage of this apparatus is that ^3H can be measured. The improvement due to the 4π geometry and the original detector improves the possibility of the measurements. The high sensitivity of the constructed device reduces the amount of radioactivity used in experiments and also brings about a corresponding reduction in health hazards to workers.

Tab. 2. The Efficiency of the Measurements by means of the *Cerenkov* Radiation for ^{32}P
The comparison of measuring ^{32}P and of the external standard ^{133}Ba

Radio-isotope	Scintillation Cocktails	Efficiency %
^{32}P	SLD 31 Spolana Neratovice	67
	SLT 31 Spolana Neratovice	66
	SLS 31 Spolana Neratovice	56
	SLE 31 Res. Inst. of Nuclear Instrum. Premysleni	67
	Triton toluen Cocktail Inst. Experiment. Botany	67
	NEF 834 NEN	65
	PCS Amersham-Searle	79
	Insta-Gel Packard	71
	KL 372 Koch-Light	71
	KL 358 S Koch-Light	67
	H_2O	26–29**)
	Chloronaphthalene BDH	35–42**)
^{133}Ba	SLD 31 Spolana Neratovice	5,6
	SLT 31 Spolana Neratovice	4,8
	SLE 31 Res. Inst. of Nuclear Instrum. Premysleni	5·0
	SLX 31 Res. Inst. of Nuclear Instrum. Premysleni	4·8
	Toluen Cocktail, Nuclear Chicago	5·9
	Triton-toluen Cocktail Iust. Experiment. Botany	5·1
	NEF 834 NEN	4·4
	PCS Amersham-Searle	5·0
	Insta-Gel Packard	4·8
	KL 372 Koch-Light	5·7
	KL 358 S Koch-Light	5·8 +
	H_2O $n = 1{\cdot}329$ lg/cm³	0·01**)
	Chloronaphthalen, $n = 1{\cdot}633$ 1·2 g/cm	2·54**)
	Benzen $n = 1{\cdot}5$ 0·88 g/cm³	0·23**)

The liquid scintillation technique is the modern method for measuring radioactivity with a high sensitivitiy. The range of its application for biological material is very wide and the utilization of the *Cerenkov* radiation extends this area. It is suitable to use plastic scintillation vials or scintillation foil instead of scintillation solution. This method saves the biological material for future experiments without any damage.

Received September 29, 1978

Aus der Praxis

Zur Einführung der neuen „Anordnung über den Transport radioaktiver Stoffe — ATRS“

INIS DESCRIPTORS:

German Democratic Republic; IAEA; international regulations; packaging; packaging rules; radioactive materials; transport regulations

0. Einleitung

Die im Juni 1967 erschienene und im Februar 1971 ergänzte „Anordnung über den Transport radioaktiver Stoffe — ATRS“ [1—4] hat lange Zeit als gesetzliche Grundlage für die Lösung der Verpackungs- und Transportprobleme der Kerntechnik in der DDR gedient. Gegenwärtig machte sich eine Überarbeitung und Neufassung notwendig, weil sowohl die internationalen Vorschriften, die von der Atomenergiebehörde (IAEA) in Wien herausgegeben werden [5], als auch weitere nationale und internationale Vorschriften der Verkehrsträger über den Transport gefährlicher Güter in veränderter Fassung vorliegen bzw. neu erscheinen werden.

So sind die Vorschriften RID[1]) und ADR 1977 und SMGS Anlage 4 Tabelle 10 am 1. 4. 1978 neu erschienen. Die nationalen Vorschriften TOG, SFO und OLTG, die stets im Zusammenhang mit der ATRS beachtet und angewandt werden müssen, werden voraussichtlich 1979 in überarbeiteter Form herausgegeben.

Über die Neufassung der ATRS [6], die am 1. August 1978 in Kraft trat, und ihre Beziehungen zu nationalen und internationalen Vorschriften sowie ihre Bedeutung für den Transport radioaktiver Stoffe in der DDR wird im weiteren berichtet.

1. Die IAEA-Regulations von 1973 [7]

Die Sicherheitsgrundsätze der Regulations for the Safe Transport of Radioactive Material der IAEA wurden mit der überarbeiteten Ausgabe von 1973 nicht geändert. Durch entsprechende Vorschriften soll der Transport radioaktiver Stoffe so gestaltet werden, daß er sich so wenig wie möglich vom Transport anderer gefährlicher Güter unterscheidet. Die Gefahrenmomente durch radioaktive und spaltbare Stoffe sind:

— äußere Bestrahlung
— innere Bestrahlung durch Inhalation, Ingestion oder Wundkontamination bei Austritt radioaktiver Stoffe aus Versandstücken
— Kritikalität
— Wärmeentwicklung bei hochaktiven Stoffen.

Die Regulations sollen die Bevölkerung, das Transportpersonal und die Umgebung vor den Gefahren der Strahlung und Kritikalität schützen. Dieser Schutz soll erreicht werden durch die Kombination

— der Begrenzung des Verpackungsinhaltes in Abhängigkeit von der Art und der Aktivität des Inhalts
— der Verpackungskonstruktion und
— einfache Iustruktionen für die Handhabung, Lagerung und Verladung bzw. Stauung während des Transports,

wobei in den Regulations konkrete Festlegungen über die Abschirmung bzw. zulässige Äquivalentdosisleistungen, den sicheren Einschluß des radioaktiven Materials, die Wärmeableitung und Kritikalitätssicherheit getroffen werden. Die Regulations enthalten Bestimmungen über Konstruktion und Prüfungen von Verpackungen bzw. Versandstücken und Vorschriften für erforderliche Genehmigungen.

In den IAEA-Regulations von 1973 wurden folgende Änderungen oder Ergänzungen eingeführt:

(1) Ablösung der Gruppeneinteilung der Radionuklide durch individuelle Werte A_1 und A_2 für jedes Radionuklid. A_1 und A_2 sind die für eine Verpackung des Typs A maximal zulässigen Aktivitätswerte, wobei A_1 für Stoffe in besonderer Form und A_2 für beliebige Stoffe gilt. Andere Grenzwerte werden als Bruchteile oder Vielfaches von A_1 und A_2 ausgedrückt.

(2) Unterteilung der Stoffe geringer spezifischer Aktivität in I und II (low spezific activity material-LSA I und LSA II)

(3) Einführung der festen Stoffe geringer Aktivität (low-level solid radioactive material-LLS)

(4) Einführung von Versandstücken des Typs B(U) und Typs B(M), wobei die Betonung der Großquellen aufgegeben wurde. U bedeutet unilaterial, d. h. ein Versandstück des Typs B(U) erfordert im internationalen Transport nur eine einseitige Genehmigung der zuständigen Behörde des Ausgangslandes. M bedeutet multilateral, d. h. ein Versandstück des Typs B(M) erfordert die Genehmigung der Behörden aller am jeweiligen Transport beteiligten Länder.

(5) Festlegung des Transportindexes als Äquivalentdosisleistung in 1 m Abstand von der Außenseite des Versandstückes anstatt in 1 m Abstand vom Zentrum.

(6) Erhöhung des maximal zulässigen Transportindexes der Kategorie II-GELB von 0,5 auf 1.

(7) Erhöhung der maximal zulässigen Äquivalentdosisleistung an den Außenseiten von Versandstücken von 200 mrem/h auf 1000 mrem/h für Transporte als geschlossene Ladung mit Zusatzbedingungen.

(8) Einführung des Begriffes des Großcontainers (freight container) und der damit verbundenen Festlegungen für den Transportindex.

(9) Aufnahme spezieller Beispiele für Versandstückmuster für spaltbare Stoffe (für NSK II und III) (NSK = nukleare Sicherheitsklasse)

(10) Festlegung eines Codes für Genehmigungskennzeichen.

(11) Weitere Detailänderungen, wie z. B. die Einführung von Alphastrahlern von geringer Toxizität und höhere Grenzwerte für natürliches und abgereichertes Uran sowie natürliches Thorium im Zusammenhang mit der zulässigen Oberflächenkontamination.

2. Der Neuentwurf der ATRS

Der Neuentwurf der ATRS wurde durch folgende Fakten charakterisiert:

— Die Änderungen der IAEA-Vorschriften wurden eingearbeitet;
— Die ATRS Nr. 1 und Nr. 2 wurden zusammengefaßt;

[1]) Bezüglich der Bedeutung der Abkürzungen siehe Anhang

- Entsprechend dem DDR-Standard „Einheiten physikalischer Größen“ wurden die SI-Einheiten eingeführt, wobei eine Rundung entsprechend der Genauigkeit der bisherigen Einheiten vorgenommen wurde und die alten Einheiten in Klammern hinter die neuen SI-Einheiten gesetzt wurden.

Der Grundaufbau und die prinzipielle Gliederung der alten ATRS Nr. 1 wurden beibehalten. Der Neuentwurf enthält die Abschnitte

- I. Geltungsbereich und Übersicht der Transportmaßnahmen
- II. Einteilung radioaktiver Stoffe für den Transport
- III. Anforderungen an die Verpackungen und Versandstücke
- IV. Anforderungen an den Transport
- V. Genehmigungsvorschriften, Melde- und Benachrichtigungspflicht
- VI. Außergewöhnliche Ereignisse beim Transport radioaktiver Stoffe
- VII. Grenzüberschreitender Verkehr in andere Länder
- VIII. Straf- und Schlußbestimmungen

und in den Anlagen werden erforderliche Begriffe, Grenzwerte, Prüfbestimmungen usw. zusammengefaßt.

Die im Abschnitt II getroffene Einteilung der radioaktiven Stoffe stimmt in der Bezifferung mit der Numerierung der Blätter in den internationalen Vorschriften überein, auf eine formale Abweichung in den Ziffern 9. und 10. des § 4 wird noch eingegangen. Die Verpackungsbestimmungen sind streng nach der Einteilung der radioaktiven Stoffe geordnet, jeder Stoffgruppe ist jeweils ein Paragraph der Verpackungsvorschriften zugeordnet (für spaltbare Stoffe jedoch 4 Paragraphen). Der § 5 „Allgemeine Anforderungen an die Verpackungen und Versandstücke“ gilt für alle Verpackungen, wobei die letzten Absätze 11 bis 13 mit Festlegungen für die Plombierung, der Einordnung in die Strahlungskategorien und der Kennzeichnung der Versandstücke für einzelne Versandstückarten nicht anzuwenden sind. In den folgenden Abschnitten der ATRS ließ sich die strenge Zuordnung zu der getroffenen Einteilung der radioaktiven Stoffe nicht aufrechterhalten, diese Abschnitte enthalten allgemeingeltende Bestimmungen.

Auf Grund des umfassenden Inhalts ist die neue ARTS naturgemäß sehr umfangreich und komplex. Vereinfachungen im Regelwerk der ATRS sind nur auf Kosten erheblicher Abweichungen von den Empfehlungen der IAEA und der anderen internationalen Transportvorschriften möglich. Ein Ausschluß von abgeschlossenen Problemgebieten (z. B. Prüfvorschriften) aus dem Anlagenteil und Übernahme in TGL bringt für den Anwender keine Vorteile, da dann keine abgeschlossene und vollständige Darstellung der Transportvorschriften vorliegt und der Anwender gezwungen wäre, sich mehrere Unterlagen zu beschaffen.

3. Übersicht über die Bestimmungen für die einzelnen Stoffklassen

Die folgende Ausführung soll eine kurze Übersicht über die Anforderungen an den Transport der jeweiligen Stoffklassen entsprechend der Einteilung der radioaktiven Stoffe geben, wobei jedoch diese Kurzdarstellung keinen Anspruch auf Vollständigkeit erheben kann.

3.1. Leere Verpackungen

Verpackungen gelten dann als leer, wenn die innere Kontamination das 100fache der zulässigen äußeren Kontamination nicht überschreitet. Leere Verpackungen sind als solche zu kennzeichnen, Strahlungswarnzeichen oder alte Gefahrzettel sind zu entfernen oder zu überdecken. Die Äquivalentdosisleistung an den Außenseiten der leeren Verpackung darf 0,5 mrem/h nicht überschreiten. Für den Transport bestehen keine besonderen Einschränkungen, Genehmigungen sind nicht erforderlich.

3.2. Fabrikate aus natürlichem oder abgereichertem Uran oder natürlichem Thorium

Fabrikate aus natürlichem oder abgereichertem Uran oder natürlichem Thorium müssen eine widerstandsfähige Umhüllung aufweisen, die Verpackungen sollen die allgemeinen Anforderungen erfüllen, wobei die Verpackungsfunktionen vom Fabrikat selbst übernommen werden können. Die Äquivalentdosisleistung an den Außenseiten der Versandstücke darf 0,5 mrem/h nicht überschreiten. Für den Transport bestehen keine besonderen Einschränkungen, Genehmigungen sind nicht erforderlich.

3.3. Radioaktive Stoffe geringer Aktivität

Als radioaktive Stoffe geringer Aktivität gelten Stoffe mit Aktivitäten pro Versandstück bis zu $10^{-3}\ A_1$ oder $10^{-3}\ A_2$ bzw. $10^{-4}\ A_2$ für Flüssigkeiten (Tritium wird in dieser vereinfachten Darstellung nicht betrachtet), die weniger als 15 g spaltbare Stoffe enthalten. Die Verpackungen müssen den allgemeinen Anforderungen entsprechen, beim Öffnen der Verpackung muß die Aufschrift RADIOACTIVE sichtbar sein. Die Äquivalentdosisleistung an den Außenseiten des Versandstückes darf 0,5 mrem/h nicht übersteigen. Für den Transport bestehen keine besonderen Einschränkungen, Genehmigungen sind nicht erforderlich.

3.4. Radioaktive Stoffe als funktionsbedingte Bestandteile von Geräten

Radioaktive Stoffe als funktionsbedingte Bestandteile von Geräten dürfen Aktivitäten bis zu $10^{-2}\ A_1$ oder $10^{-2}\ A_2$ für feste Stoffe, $10^{-3}\ A_2$ für flüssige Stoffe und $10^{-3}\ A_1$ oder $10^{-3}\ A_2$ für gasförmige Stoffe aufweisen, wobei pro Versandstück das 10 bis 100fache der o. g. Aktivitäten zulässig ist, und spaltbare Stoffe nur bis zu 15 g enthalten sein dürfen. Die Geräte sind mit der Aufschrift RADIOACTIVE zu versehen. Die Verpackungen müssen die allgemeinen Anforderungen erfüllen. Die Äquivalentdosisleistungen in 10 cm Abstand von den unverpackten Geräten dürfen 10 mrem/h und an den Außenseiten der Versandstücke 0,5 mrem/h nicht überschreiten. Für den Transport bestehen keine besonderen Einschränkungen, Genehmigungen sind nicht erforderlich.

3.5. Radioaktive Stoffe geringer spezifischer Aktivität I (LSA)[1]

Stoffe geringer spezifischer Aktivität I sind:

a) Erze und Erzkonzentrate von U_{nat} oder Th_{nat}
b) Unbestrahltes natürliches oder abgereichertes Uran, natürliches Thorium und deren Verbindungen
c) Tritiumoxid in wäßriger Lösung bis 10 Ci/l
d) Radioaktive Stoffe mit gleichmäßig verteilter Aktivität bis zu $10^{-4}\ A_2$/g, wobei dieser Wert auch nach einer Erhöhung der Aktivitätskonzentration durch möglicherweise ungünstig wirkende Bedingungen beim Transport (Auflösung mit anschließender Kristallisation, Ausfällung, Verdampfung, Verbrennen usw.) nicht überschritten werden darf.
e) Kontaminierte Gegenstände mit dem 10fachen der normalerweise zulässigen äußeren Kontamination, wobei unter möglicherweise ungünstig wirkenden Bedingungen beim Transport keine Aktivitätskonzentration über $10^{-4}\ A_2$/g entstehen darf. Die zusätzlichen Bedingungen bezüglich möglicherweise eintretender Erhöhungen der Aktivitätskonzentration bei den letztgenannten Stoffen gem. d) und e) wurden neu aufge-

[1]) LSA = Low specific activity

nommen und waren Veranlassung für die Auftrennung der radioaktiven Stoffe geringer spezifischer Aktivität I und II. Sie stellen härtere Forderungen dar, weshalb ein Transport dieser Stoffe in (handelsüblichen) Verpackungen nicht auf die geschlossene Ladung beschränkt werden muß.

Für den Transport von radioaktiven Stoffen geringer spezifischer Aktivität I ergeben sich 2 Möglichkeiten:

— allgemeiner Transport
— Transport als geschlossene Ladung.

a) Allgemeiner Transport

Die Verpackungen müssen die allgemeinen Anforderungen erfüllen, sie müssen verplombt sein und mit Gefahrzetteln für radioaktive Stoffe entsprechend der Zuordnung zur Strahlungskategorie I, II oder III versehen sein.

Für den Transport sind zu beachten:

— Kennzeichnung der Transportmittel
— Zusammenladeverbote mit gefährlichen Gütern
— kein Transport in Abteilen mit Reisenden (ausgenommen Begleitpersonal)
— Abstand zu Photomaterialien
— Begrenzung der Summe der Transportkennzahlen auf 50

Genehmigungen sind nicht erforderlich.

b) Transport als geschlossene Ladung

Transporte als geschlossene Ladung sind in festen handelsüblichen Verpackungen, in Großbehältern oder in loser Schüttung möglich, für Tritiumoxid in wäßriger Lösung besteht eine Begrenzung auf 50000 Ci und für flüssige und gasförmige Stoffe auf 100 A_2.

Bei der Verwendung von Verpackungen sind diese mit RADIOACTIVE (LSA I) zu kennzeichnen. Es sind Äquivalentdosisleistungen an den Außenseiten der Versandstücke bis 200 mrem/h und unter besonderen Bedingungen bis 1000 rmem/h zulässig. Die Äquivalentdosisleistung an den Außenseiten des Transportmittels darf 200 mrem/h und in einer Entfernung von 2 m von den senkrechten Außenseiten 10 mrem/h nicht übersteigen.

Bei loser Schüttung (Lufttransport nicht zulässig) dürfen keine radioaktiven Stoffe auf die Außenseiten des Transportmittels gelangen. Die Transportmittel sind zu kennzeichnen.

3.6. *Radioaktive Stoffe geringer spezifischer Aktivität II (LSA) II*

Stoffe geringer spezifischer Aktivität II sind:

a) Radioaktive Stoffe mit gleichmäßig verteilter Aktivität bis $10^{-4}\ A_2/g$
b) Kontaminierte Gegenstände mit Kontaminationen bis 1 μCi/cm² für β-Strahler und 0,1 μCi/cm² für α-Strahler.

Diese Stoffe dürfen nur als geschlossene Ladung transportiert werden, wobei für Tritiumoxid eine Begrenzung auf 50000 Ci und für flüssige und gasförmige Stoffe auf 100 A_2 besteht. Es sind Verpackungen zu verwenden, die die allgemeinen Anforderungen erfüllen müssen und mit RADIOACTIVE (LSA II) zu kennzeichnen sind. Es sind Äquivalentdosisleistungen an den Außenseiten der Versandstücke bis 200 mrem/h und unter besonderen Bedingungen bis 1000 mrem/h zulässig. Die Transportmittel sind zu kennzeichnen. Genehmigungen sind nicht erforderlich.

3.7. *Feste radioaktive Stoffe geringer Aktivität (LLS)*[1]

Diese Stoffe wurden neu in die IAEA-Regulations aufgenommen und sind für verfestigte Abfälle oder aktivierte Stoffe von Bedeutung. Feste radioaktive Stoffe geringer Aktivität sind:

a) feste Stoffe mit einer gleichmäßigen Aktivitätsverteilung bis $2 \cdot 10^{-3}\ A_2/g$ und Zusatzforderungen an die Auslaugbarkeit
b) kontaminierte Gegenstände mit Kontaminationen bis 20 μCi/cm² für β-Strahler und 2 μCi/cm² für α-Strahler.

[1]) LLS = low level solid

Feste radioaktive Abfälle dürfen nur als geschlossene Ladung transportiert werden. Die Verpackungen müssen die allgemeinen Anforderungen erfüllen und nach Prüfungen für Typ A-Verpackungen den Verlust des radioaktiven Inhalts und eine Erhöhung der Äquivalentdosisleistung verhindern (feste industrielle Verpackungen). Die Versandstücke sind mit RADIOACTIVE (LLS) zu kennzeichnen. Die maximale Äquivalentdosisleistung an den Außenseiten des Versandstückes darf 200 mrem/h (Transportkennzahl bis 10) und unter besonderen Bedingungen 1000 mrem/h betragen. Die Äquivalentdosisleistung an den Außenseiten des Transportmittels darf 200 mrem/h und in einer Entfernung von 2 m von den senkrechten Außenseiten 10 mrem/h nicht übersteigen. Die Transportmittel sind zu kennzeichnen. Genehmigungen sind nicht erforderlich.

3.8. *Radioaktive Stoffe mittlerer Aktivität*

Radioaktive Stoffe mittlerer Aktivität werden in internationalen Vorschriften, die in eine „Blatt-Form" gegliedert sind, als „Radioaktive Stoffe in Typ A-Versandstücken" bezeichnet. Die Aktivitätsbegrenzung pro Versandstück beträgt A_1 für Stoffe in besonderer Form und A_2 für beliebige Stoffe. Folgende Forderungen sind zu beachten:

— Transport in Typ A-Verpackungen mit Gefahrzetteln entsprechend der Strahlungskatgorien I, II oder III;
— Zusammenladeverbote mit anderen gefährlichen Gütern
— Abstand zu Photomaterialien
— Transport nicht in Abteilen mit Reisenden (außer Begleitpersonal)
— Begrenzung der Summe der Transportkennzahlen auf 50 (außer bei Transporten als geschlossene Ladung)
— Kennzeichnung der Transportmittel

Genehmigungen sind nicht erforderlich.

3.9. *Radioaktive Stoffe hoher Aktivität (I)*

Radioaktive Stoffe hoher Aktivität (I) dürfen pro Versandstück Aktivitäten bis zu $3 \cdot 10^3\ A_1$ oder $3 \cdot 10^3\ A_2$ oder $3 \cdot 10^4$ Ci aufweisen. Für den Transport sind alle vorgenannten Bedingungen für radioaktive Stoffe mittlerer Aktivität zu erfüllen. Es sind jedoch Versandstücke des Typs B(U) oder des Typs B(M) erforderlich, die einem durch vorgeschriebene Prüfungen (9 m-Fall, 1,2 m-Fall auf Prallkörper, Feuerprüfung, Wassereintauchprüfung) definierten mittleren Transportunfall widerstehen müssen und die Wärmeentwicklung und Strahlungseinwirkung auf Grund der höheren Aktivität berücksichtigen müssen. Diese Versandstücke sind identisch mit den bisherigen Versandstücken des Typs B I und des Typs B II. Versandstücke (Muster) des Typs B(U) bedürfen nur einer unilateralen Genehmigung durch die zuständige Behörde des Ausgangslandes, die von ausländischen Behörden anerkannt wird. Versandstücke (Muster) des Typs B(M) bedürfen einer multilateralen Genehmigung durch die zuständigen Behörden aller am Transport beteiligten Länder. Für Versandstücke des Typs B(M) sind besondere Maßnahmen während des Transportes erforderlich, es sind das SAAS bzw. bei internationalen Transporten die zuständigen Behörden der am Transport beteiligten Länder vor Transportbeginn zu benachrichtigen; Typ B(M)-Versandstücke mit ständiger Gasabgabe benötigen eine Transportgenehmigung.

3.10. *Radioaktive Stoffe hoher Aktivität (II)*

Bei radioaktiven Stoffen hoher Aktivität (II) werden die vorgenannten Aktivitätsgrenzen überschritten. Bezüglich der Verpackungs-/Versandstückbestimmungen und Transportanforderungen sind alle für radioaktive Stoffe hoher Aktivität geltenden Bestimmungen einzuhalten. Zusätzlich ist das SAAS vor Transportbeginn zu benachrichtigen, an die zuständige Dienststelle der Deutschen Volkspolizei ist eine Meldung zu erstatten. Bei internationalen Transporten sind die zuständigen Behörden aller am Transport beteiligten Länder vor Transportbeginn zu benachrichtigen.

Im Vergleich zu den internationalen Vorschriften in „Blatt-Form" (z. B. RID) sind „Radioaktive Stoffe hoher Aktivität (I)" gem. ATRS § 4 Ziff. 9 formal nicht vollkommen mit „Radioaktive Stoffe in Typ B(U)-Versandstücken" gem. RID Blatt 9 und „Radioaktive Stoffe hoher Aktivität (II)" gem. ATRS § 4 Ziff. 10 mit „Radioaktive Stoffe in Typ B(M)-Versandstücken" gem. RID Blatt 10 identisch. In der ATRS wird streng nach der Aktivität des Stoffes untergliedert, im RID wird hier eine Untergliederung nach dem verwendeten Versandstück vorgenommen. Die Anforderungen an die Versandstücke und die Transportbestimmungen stimmen vollkommen überein, es handelt sich nur um eine unterschiedliche Darstellungsweise.

3.11. Spaltbare Stoffe

Die Bestimmungen für spaltbare Stoffe blieben prinzipiell erhalten. Es gibt weiterhin Versandstücke der Nuklearen Sicherheitsklassen I, II und III. Für die Nuklearen Sicherheitsklassen II und III wurden Beispiele für Versandstückmuster neu aufgenommen, mit denen kleinere Mengen spaltbarer Stoffe transportiert werden können und bei denen keine aufwendigen Sicherheitsnachweise für die Beantragung der Versandstückmustergenehmigungen notwendig sind. Für die erforderliche Versandstückmustergehemigung besteht keine Abhängigkeit von der Nuklearen Sicherheitsklasse. Das SAAS ist über Transporte spaltbarer Stoffe zu benachrichtigen, der zuständigen Dienststelle der Deutschen Volkspolizei ist Meldung zu erstatten.

Für Transporte von Versandstücken der Nuklearen Sicherheitsklassen II und III ist eine Transportgenehmigung des SAAS erforderlich.

4. Ausblick

Die Sicherheitsgrundsätze der Transportvorschriften wurden nicht geändert und die prinzipiellen Verpackungsanforderungen wurden beibehalten. Es ist deshalb im Transportgeschehen radioaktiver Stoffe nicht mit wesentlichen Änderungen und zusätzlichen Erschwernissen zu rechnen. In den Übergangsbestimmungen ist festgelegt, daß bestehende Genehmigungen ihre Gültigkeit behalten, für internationale Erfordernisse sind die Ergänzungen mit relativ geringem Aufwand möglich, so daß lediglich mit gewissen Umgewöhnungen und kleinen organisatorischen Aufwendungen zu rechnen ist.

Durch die Aufgabe der Gruppeneinteilung der Radionuklide und Einführung der Werte A_1 und A_2 für jedes individuelle Radionuklid können die bestehenden Verpackungen besser ausgenutzt werden, da in den meisten Fällen die zulässige Aktivität pro Verpackung höher liegt.

Seitens der IAEA ist geplant, die IAEA-Regulations aller 10 Jahre zu überarbeiten, so daß 1983 mit der nächsten Ausgabe zu rechnen ist. Eine Neufassung der ATRS würde dann unter Berücksichtigung der Einführungstermine in den internationalen Vorschriften der einzelnen Verkehrsträger mit der entsprechenden zeitlichen Verschiebung notwendig werden.

Bei der Anwendung einer verhältnismäßig komplizierten Vorschrift, wie sie die ATRS darstellt, werden stets Grenzfälle erfaßt werden müssen, für die die Zuordnung der radioaktiven Stoffe in die eine oder andere Stoffklasse erschwert ist. Deshalb ist vorgesehen, Beispiele in Form von Aufgaben mit Lösungen für den Transport radioaktiver Stoffe zu veröffentlichen, die den Anwendern der ATRS deren Handhabung verdeutlichen und erleichtern sollen.

Anhang

- Internationales Übereinkommen über den Eisenbahnfrachtverkehr (CIM) Anlage I, Internationale Ordnung über die Beförderung gefährlicher Güter mit der Eisenbahn (RID), Klasse 7
- European Agreement Concerning the International Carriage of Dangerous Goods by Road (ADR) (Europäisches Abkommen über den Transport gefährlicher Güter auf der Straße (ADR))
- International Maritime Dangerous Goods Code (IMCO) Class 7 (Internationaler Code für den Seetransport gefährlicher Güter – herausgegeben von der Intergovernmental Maritime Consultative Organisation (IMCO) London)
- IATA regulations relating to the carriage of restricted articles by air, part 2 class 7 (Vorschriften der IATA – International Air Transport Association – über den Lufttransport von Waren, die einer Beschränkung unterliegen)
- Abkommen über den Internationalen Eisenbahn-Güterverkehr (SMGS)[1]) Anhang 1 zur Anlage 4 Tabelle 10
- Ordnung über den Transport gefährlicher Güter mit Eisenbahn, Kraftfahrzeiugen und Binnenschiffen – Transportordnung für gefährliche Güter (TOG)
- Ordnung über die Behandlung gefährlicher Güter beim Seetransport und Hafenumschlag – Seefrachtordnung (SFO)
- Ordnung über den Lufttransport gefährlicher Güter – (OLTG)

Eingegangen am 20. 9. 1978

W. Birkigt[2]), *E. Müller*, *F. Nitsche*
Staatl. Amt für Atomsicherheit und Strahlenschutz der DDR

Literatur

[1] Anordnung über den Transport radioaktiver Stoffe – ATRS – vom 10. 6. 1967, Gesetzblatt der DDR, Sonderdruck Nr. 552
[2] Anordnung über den Transport radioaktiver Stoffe vom 11. 2. 1971, Gesetzblatt der DDR, Sonderdruck Nr. 697
[3] *D. Richter*, Isotopenpraxis 4 (1968) 37
[4] *D. Richter*, *W. Birkigt*, Erläuterungen zu den Vorschriften über den Transport radioaktiver Stoffe hoher Aktivität, Report SZS-19/70, September 1970
[5] Regulations for the Safe Transport of Radioactive Materials. International Atomic Energy Agency, Safety Series No. 6 Revised Edition, Vienna 1973
[6] Anordnung über den Transport radioaktiver Stoffe – ATRS – vom 12. 4. 1978, Gesetzblatt der DDR, Sonderdruck Nr. 953
[7] *G. E. Swindell*, The Safe Transport of Radioactive Materials. IAEA-PL-566, Budapest, Sept. 1973

[1]) Betrifft die Eisenbahnen der sozialistischen Länder
[2]) Mitglied der Kommission für Transport gefährlicher Güter beim Ministerium für Verkehrswesen der DDR

Buchbesprechungen

Compendium of Neutron Spectra in Criticality Accident Dosimetry

H. Ing, S. Makra. IAEA Wien 1978 (Techn. Rep. Ser. No. 180) 193 S.; US $ 17.00

Die Neutronen-Havariedosimetrie ist ein zur Zeit wichtiges und aktuelles Gebiet der Strahlenschutzmeßtechnik Die starke Energieabhängigkeit der verfügbaren Detektoren hat zur Folge, daß in der Neutronen-Personendosimetrie Kenntnisse über die auf den menschlichen Körper auffallenden Neutronenspektren vorhanden sein müssen. Dies führte im Rahmen eines IAEA-Forschungsprogrammes zum Auftrag an die international renommierten Autoren, für Havariesituationen typische Neutronenspektren zusammenzustellen.

Der Band enthält (fast ausnahmslos von den Autoren und deren Arbeitsgruppen) berechnete Neutronenspektren für einige typische kritische Anordnungen, für kritische Spaltstofflösungen unterschiedlicher Ausdehnung sowie für Spaltneutronen und moderierte Spaltneutronen hinter Abschirmungen unterschiedlicher Dicke und Zusammensetzung. Ergänzend werden Spektren für von Schichten unterschiedlicher Dicke und Zusammensetzung reflektierte Spaltneutronen und für 14,6 MeV-Neutronen hinter unterschiedlichen Abschirmungen angegeben. Insgesamt geben die Autoren 272 Spektren in Tabellenform an, die zur Veranschaulichung zusätzlich in graphischer Darstellung präsentiert werden. Bei Spaltneutronen werden die Spektren auf 48 Energiegruppen im Bereich 1 eV—20 MeV aufgeteilt.

Das vorliegende Kompendium ist ein wertvolles Hilfsmittel für die Neutronen-Havariedosimetrie und nicht ohne Bedeutung auch für die Routine-Personendosimetrie. Besonders günstig ist, daß für die wichtigsten Schwellwertsonden (Aktivierungs- und Spaltstoffdetektoren) die über die jeweiligen Spektren gemittelten Wirkungsquerschnitte angegeben werden. Außerdem werden die mittleren Fluenz-Konversionsfaktoren für die Kerma, für die Dosis durch schwere geladene Teilchen, für die Dosis durch Gamma-Strahlung aus (n, γ)-Einfangprozessen sowie für die Äquivalenzdosis berechnet.

Das Buch ist in der gewohnt guten Ausstattung und sorgfältigen Redigierung der Technical Report Serie der IAEA erschienen. Man hätte sich lediglich gewünscht, daß die kritische Enddurchsicht aller Tabellen und des Textes eher erfolgt wäre, so daß eine Reihe von Druckfehlern noch im Text statt auf einem beigelegten Korrekturblatt berichtigt worden wäre. Kleinere Ungenauigkeiten (Dosis statt Dosis-Fluenz-Konversionsfaktoren, Dosis durch Rückstoßteilchen statt durch schwere geladene Teilchen) fallen nicht ins Gewicht.

Da in dem Kompendium nur die nicht durch den menschlichen Körper gestörten Spektren angegeben sind, sind natürlich nicht alle Schwierigkeiten bei der Interpretation der Meßwerte der am Körper getragenen Personendosimeter beseitigt. Dessen ungeachtet wird der Band für alle auf dem Gebiet der Neutronen-Personendosimetrie Arbeitenden ein unentbehrliches Hilfsmittel sein.

W. Kraus

Topics in Applied Physics. Vol. 11. Digital Picture Analysis

A. Rosenfeld (ed.). Berlin-Heidelberg-New York: Springer-Verlag 1976. XIII, 351 S., 114 Abb., 47 Tab.; DM 72,—; US $ 29.60

Das vorliegende Buch behandelt die Computer-Analyse von Bildinformationen, wobei folgende Hauptanwendungsgebiete behandelt werden:

— die Fernerkundung der Umwelt (u. a. Luftbild-Auswertung)
— die radiographische Bildanalyse (medizinische Radiologie)
— die Physik hoher Energien (Spurenauswertung von Teilchen auf Photographien)
— die Zellenforschung
— die Zeichenerkennung (u. a. Charakter-Deutung)

Jedes dieser Gebiete ist mit einem ausführlichen Literaturverzeichnis vervollständigt. Für die Leser der Isotopenpraxis ist die radiographische Bildanalyse mittels Computer von besonderem Interesse (S. 65 bis S. 150), zumal sich die radiographische Bildanalyse noch in ihrem Entwicklungsstadium befindet.

Die schneller ansteigende Anzahl der hergestellten Radiographien im Vergleich zur Anzahl der Radiologen bedingt notwendigerweise eine schnellere (und sichere) Auswertung der Radiogramme als bisher. Hier kann der sinnvolle Einsatz von Computern helfen, die Flut von Informationen auszuwerten und zu speichern. Moderne hochempfindliche Computer sind zwar in der Lage, Millionen von Instruktionen in einer Sekunde auszuführen, aber ihre Kapazität zur Informationsverarbeitung ist begrenzt durch die Eingangsgrößen, die sie aufnehmen können. Ausgehend von der bisherigen Datenerfassung werden Systeme beschrieben, die geeignet sind, großflächige Radiogramme ohne zu großen Rauschpegel abzutasten (Fernsehkameras), die Signale zu verarbeiten, zu speichern und wiederzugeben. Dabei ist es notwendig, den Computer entsprechend zu programmieren, damit die Interpretation der Speicherwerte automatisch erfolgen kann.

Als Anwendungsbeispiele werden radiographische Bildauswertungen aus den Gebieten der Nuklear-Medizin (Gehirnuntersuchungen), der Knochenerkrankungen (u. a. Lokalisierung von Knochentumoren), der Lungen- und Herzerkrankungen (z. B. Ausmessen von Lungen- und Herzvolumina, Lungentexturen), rheumatische Herzerkrankungen und das Erkennen von Atherosklerosis sehr ausführlich behandelt. Alle diese Ergebnisse wurden in Forschungs-Laboratorien erzielt. Sie sollen dazu beitragen, daß in Zukunft die radiographische Bildauswertung bzw. die direkte Auswertung von mikroskopischen Aufnahmen mittels Computer direkt in der klinischen Praxis eingesetzt werden, um damit dem Arzt ein zuverlässiges Hilfsmittel bei der Erstellung der Diagnose zu sein.

Die übrigen 4 Kapitel sind ähnlich aufgebaut und verfolgen die gleiche Zielstellung.

Das Buch vermittelt einen sehr guten Überblick über den derzeitigen Stand (1974) der Entwicklung der digitalen Bildanalyse auf den 5 angeführten Gebieten und ist deshalb für alle diejenigen ein wertvoller Gewinn, die sich mit dem Problem der Bildauswertung zu beschäftigen haben. Es ist jedoch nicht leicht zu lesen und erfordert gewisse Grundkenntnisse der Computer-Rechentechnik.

E. Becker

Physik, eine Darstellung der Grundlagen. VII. Festkörper

H. Hänsel, W. Neumann, VEB Deutscher Verlag der Wissenschaften, Berlin 1978, 333 S., 124 Abb., div. Tab., brosch., M 19,80

In sechs Kapiteln werden die Struktur der Kristalle, die Dynamik ihres Gitters, die elektrischen Eigenschaften fester Stoffe, Supraleitung, dielektrische und optische Eigenschaften und magnetische Eigenschaften von Festkörpern behandelt.

Wie auch in den anderen Bänden dieser Darstellung der Grundlagen der Physik ist ein Anhang den speziellen mathematischen Zusammenhängen gewidmet, der im vorliegenden Falle vierzehn Einzelfragen von der Untersuchung der *Bose-Einstein-* und der *Fermi-Dirac-*Statistik bis zu den Spinwellen betrifft.

Auch dieser abschließende Band ist, wie alle anderen Bände dieses vorzüglichen, auf hohem Niveau stehenden und doch leicht verständlichen Lehrwerkes, klar gegliedert und dank des großen didaktischen Geschicks seiner Autoren zum Selbststudium sehr geeignet.

Überblickt man alle sieben seit 1972 erschienenen Bände, so muß man den Verfassern bescheinigen, daß es ihnen gelungen ist, auf mehr als zweitausend Seiten eine sehr ansprechende, moderne Version des physikalischen Grundwissens zu bieten, die den Notwendigkeiten und Bedürfnissen der heutigen Physik besonders insofern entgegenkommt, als sie die vor Jahrzehnten noch eher mögliche und auch übliche Trennung in Phänomenologisch-Experimentelles und in Theoretisches verwischt.

Denn der Erfolg bei der Forschung in der Physik erwächst in unserer Zeit mehr und mehr auch aus der Komplexität experimentellen und theoretischen Herangehens bei jedem beteiligten Wissenschaftler.

Wenn der Rezensent den *Hänsel-Neumann* als Physik-Lehrbuch und besonders zum Selbststudium den Physik- und Physiklehrerstudenten wärmstens empfiehlt, so sei unmißverständlich betont, daß man Physik nicht nur und nicht einmal überwiegend am Schreibtisch lernen kann. Er möchte damit der Hoffnung Ausdruck geben, daß bei aller Qualität eines Lehrbuches die in der Ausbildung des akademischen Nachwuchses merkliche Tendenz zur Vernachlässigung des eigenen, unmittelbaren Hantierens mit Gerätschaften und Materialien zunehmend vermieden werden kann und z. B. auch adäquate Anleitungsbücher für diverse Praktika erscheinen.

Das ursprünglich für sechs Bände konzipierte Werk ist umfangreich geworden, es hat noch einen siebenten Band erhalten. Wenngleich der einzelne Band recht preiswert erscheint, ist der Gesamtpreis von rund 140,— M der wünschenswerten Verbreitung unter unseren Physikstudenten leider wohl nicht gerade förderlich. Und es sollten sich die Autoren überlegen, ob man die ersten drei Bände nicht doch noch reduzieren und zusammenfassen könnte.

Wahrscheinlich wäre es bei einer Neuauflage auch fachlich günstiger, entsprechend dem ursprünglichen Konzept, die Kernphysik nicht so ein wenig unglücklich zwischen die Strukturphysik zu stellen.

Würde sich das Ganze nicht noch besser dimensionieren lassen, wenn jeder Band nicht etwa gleichen Umfang und gleichen Preis haben müßte?

G. Brunner

Einführung in die Theoretische Chemie. Band 2: Die chemische Bindung.

W. Kutzelnigg. Weinheim: Verlag Chemie 1978, 594 S., 100 Abb., 31 Tab.; DM 98.—

Aufbauend auf den in Band 1 dargestellten quantenmechanischen Grundlagen wird in dem vorliegenden Buch aus der Vielzahl der bisher erschienenen Beiträge eine vereinheitlichte Theorie der chemischen Bindung formuliert und auf verschiedene Struktursysteme angewandt. Dabei werden zunächst das Wasserstoff-Molekülion und das Wasserstoff-Molekül behandelt, bevor nach Ableitung einiger quantenchemischer Näherungsmethoden auch zwei- und mehratomige Moleküle, lokalisierte Zweizentrenverbindungen, Elektronenmangel- und -überschußverbindungen sowie schließlich die Verbindungen der Übergangselemente besprochen werden. Die für diese theoretischen Betrachtungen erforderliche mathematische Basis wird in einem umfangreichen Anhang gegeben, wo dem Leser die Gruppentheorie und die Methoden der ab-initio-Quantenchemie erläutert werden. Das Buch strebt vordergründig an, dem nicht selbst theoretisch arbeitenden Leser die Quantenchemie für Schlußfolgerungen im eigenen Untersuchungskomplex näher zu bringen und aufzuzeigen, welche prinzipiellen Möglichkeiten etwa zur gezielten Stoffsynthese oder zur Interpretation bestimmter experimenteller Ergebnisse von Seiten dieses jüngsten Zweiges der Chemie bestehen. Es besticht durch seine präzise, logisch fundierte und übersichtliche Darstellungsweise und kann einem breiten Kreis von Chemikern und Physikern nachdrücklich empfohlen werden.

G. Reinhard

Ionenimplantation

H. Ryssel, I. Ruge. Stuttgart: B. G. Teubner 1978. 366 S., 304 Abb., 49 Tab., geb. DM 116,—

Die Ionenimplantation hat sich in den letzten Jahren bekanntlich als Methode zur Dotierung von Halbleiterkristallen durchgesetzt. Damit sind jedoch die Möglichkeiten dieses Verfahrens bei weitem nicht erschöpft. Es ist das Verdienst der Autoren des vorliegenden Buches, die Vielfalt der Anwendungsgebiete aufbauend auf einer grundsätzlichen Beschreibung der einzelnen Prozeßschritte und experimentellen Einrichtungen so dargestellt zu haben, daß ein äußerst breiter Kreis von Naturwissenschaftlern, Ingenieuren und Technologen angesprochen wird.

Bei Verzicht auf ausgedehnte theoretische Abhandlungen wird zunächst allgemeinverständlich erörtert, von welchen Parametern die Reichweite der auf bestimmte Substrate aufgeschossenen Ionen in deren oberflächennahen Bereich abhängt, welche Strahlenschäden in den jeweiligen Festkörpern dadurch auftreten und wie diese ausgeheilt werden können. Nach der Beschreibung der während der Implantation stattfindenden Ionenzerstäubung und der dadurch bedingten Profiländerung wird auf Diffusionserscheinungen eingegangen, die entweder die Implantationseffekte überlagern, oder in Form der thermischen oder strahlungsbeschleunigten Diffusion als Nachbehandlungsverfahren zur Ausprägung spezifischer Eigenschaften ausgenutzt werden können. Neben ausführlichen Kapiteln über Apparaturen zur Ionenimplantation und damit erzeugter Bauelemente enthält das Buch auch einen Beitrag über Meßmethoden zur Untersuchung ionenimplantierter Schichten. Hier sind auch die Verfahren mit ioneninduzierten Kernreaktionen sowie die Aktivierungsanalyse zur Aufklärung der Zusammensetzung und des Verteilungsprofils dieser Schichten enthalten. Ansonsten erfolgte aber die Auswahl der Charakterisierungsmethoden noch zu stark aus dem Blickfeld des Halbleiterexperten, denn es fehlen beispielsweise die speziellen elektrochemischen und werkstofftechnischen Verfahren zum Nachweis der durch Ionenimplantation veränderten mechanischen und chemischen Eigenschaften der Festkörperoberflächen. Das sollte bei einer Neuauflage dieses sehr empfehlenswerten Fachbuches noch berücksichtigt werden, zumal die bisher von den Autoren ausgewerteten etwa 800 Literaturstellen bereits eine umfangreiche Anwendung der Ionenimplantation außerhalb der Halbleitertechnik mit bedeutenden Entwicklungsmöglichkeiten zum Ausdruck bringen.

G. Reinhard

Surface Science

Lectures presented at an International Course at Trieste 16. 1. to 10. 4. 1974

Vienna: IAEA 1975. 2 Bande, ca. 800 S.; Pappband US $ 52.— DM 117,—

Dieses Sammelwerk enthält 21 Vorträge, von denen die Mehrzahl den Charakter einer grundlegenden Einführung besitzt. Die Vielfalt der unter dem Titelbegriff "Surface Science" zusammengefaßten Arbeitsgebiete schlägt sich dabei auch in diesem Buch nieder: Das Feld reicht von sehr grundsätzlichen Fragen der Oberflächenkristallographie (*S. Anderson*), der Oberflächenthermodynamik (*F. Garcia-Moliner*) und der elektronischen Eigenschaften von Metall- und Halbleiteroberflächen (*S. Lundquist* und *A. Many*) bis hin zu einer Einführung in das diffizile Gebiet der heterogenen Katalyse (*D. A. Dowden*). Es gibt einen Vortrag über biologische Membranen (*J. Schnakenberg*) und über Ionenstrahltechnik (*G. Dearnaley*). Von Interesse dürften auch die Abrisse über einige sehr wichtige Methoden zur Oberflächencharakterisierung, wie LEED, Augerelektronenspektroskopie und Atomstreuung (*G. A. Somorjai* und *E. Nahr*), sein. Vergleichsweise wenig ist im Rahmen dieser Sammlung das Gebiet der Adsorption und damit zusammenhängender Phänomene betrachtet worden.

Der Wert dieser inhaltlich sehr breit streuenden Beiträge besteht vor allem darin, daß sie dem Außenstehenden oder dem Anfänger eine in vielen Fällen recht fundierte Grundlage, z. B. für das Verständnis von Spezialliteratur auf dem entsprechenden Gebiet, liefern. Da es sich hier um keine Fortschrittsberichte handelt, sollte das relativ späte Erscheinen des Buches seine Wirksamkeit nicht wesentlich mindern. *V. Rößiger*

Interaction of Radiation with Condensed Matter

Wien: IAEA 1976. 2 Bände, 934 S.; 462 Abb., 33 Tab.; Pappband US-$ 64.–

Die Ausgabe der während der Internationalen Winterschule zu diesem Thema (Triest 14. 1. 1976–26. 3. 1976) gehaltenen Vorträge ist in sich abgeschlossen, obwohl schon in vorhergehenden Schulen hier behandelte Komplexe anklangen.

Im ersten Band werden unter dem Abschnitt Allgemeine Theorie die lineare und nichtlineare Optik in kondensierter Materie unter Betonung der nichtlinearen Optik behandelt (*T. P. McLean*). Die Erweiterung der Darstellung durch eine Einführung in die Quantenoptik (*F. T. Arecchi*) gibt die Möglichkeit, eine Vielzahl von Erscheinungen, Modellen und Anwendungen systematisch einzuordnen. Unter dem Abschnitt Anregungen werden sowohl die Grundvorstellungen von kollektiven Anregungen (Phononen, Polaritonen, Magnonen, Plasmonen) entwickelt als auch der Zusammenhang von Materialeigenschaften, Anregungsspektren und Wechselwirkung mit Strahlung deutlich gemacht. Die zutreffenden Untersuchungsmethoden (Ramanstreuung, optische Absorption, magnetische Resonanzen, Neutronenstreuung) sind in die Behandlung eingearbeitet. Der Röntgenemission und -absorption (*D. C. Langreth*) und den elektronenspektroskopischen Methoden (*H. Siegbahn*) sind jedoch eigenständige Beiträge gewidmet. Die Beschreibung bestimmter Wechselwirkungsphänomene zwischen Strahlung und kondensierter Materie auf der Grundlage des Solitonenkalküls wird an einer Reihe von Beispielen illustriert.

Im Abschnitt Materialien des zweiten Bandes werden Metalle und Halbleiter, amorphe Stoffe und Ferrite auf ihre optischen und elektromagnetischen Eigenschaften hin untersucht. Im Abschnitt Techniken und Anwendungen werden methodische Gesichtspunkte behandelt, wie die Anwendung der Synchrotronstrahlung in der VUV- und Röntgenspektroskopie und die Leistungsfähigkeit der ESCA-Methodik in einer Zahl von Anwendungsfeldern. Wichtige Aspekte der Festkörperphysik in der Optoelektronik, in der Sonnenergieumwandlung und in der Faseroptik werden referiert.

Beschrieben werden Lumineszenzmechanismen, die Eigenschaften der entsprechenden Stoffsysteme werden aus der Sicht möglicher Applikationen analysiert. Schließlich wird die Stoffklasse der Flüssigkristalle im Hinblick auf die optischen Eigenschaften und Anwendungen diskutiert.

Die Beiträge vereinigen weitestgehend Strenge und Anschaulichkeit. Die bewährten einfachsten Modelle (z. B. lineare Kette zur Behandlung der Phononen) bilden den Ausgangspunkt der grundsätzlichen, systematischen und vielseitigen Darstellungen. Das Sammelwerk ist den Wissenschaftlern und Studenten von großem Nutzen, die sich in eine der behandelten Methoden oder Stoffklassen einarbeiten wollen. Darüber hinaus ist es auch Spezialisten äußerst hilfreich, in der Literatur heute im allgemeinen vorausgesetzte Begriffe und Vorstellungen systematisch in ihr Hintergrundwissen einzuordnen. *E. Hartmann*

Informationen

IAEA/Finnland. Vom 2.–6. Juli 1979 findet in Helsinki ein internationales Symposium der IAEA und der NEA über die unterirdische Endlagerung radioaktiver Rückstände statt.

Nachtrag

Zu Isotopenpraxis, Heft 1/1979, S. 16

INIS DESCRIPTORS:

aluminium oxides; bioadsorbents; carbon 14 compounds; cellulose; fructose; galactose; glucose; magnesium silicates; organometallic compounds; photolysis; reaction kinetics; starch; tin compounds; tracer techniques

A method of stable isotope dilution analysis using a spark discharge ion source and a double-focusing mass spectrograph, which renders possible simultaneous determination of several elements in powdery solids, is presented.

The efficiency of the said method is demonstrated on the example of the tracer analysis of geological standard samples. The analytical method provides the determination of trace concentrations down to ppb values with standard deviations ranging between 2 and 10 %.

W. Schiekel, K. Irmer, T. Čechak, J. Šeda

Quantitative Analysis of Bromine in Aqueous Solutions Containing Rubidium by Means of X-Ray Fluorescence Analysis

Isotopenpraxis **15** (1979) No. 2/3, p. 52 to 56
7 Fig., 3 Tab., 4 Ref.

The application of X-ray fluorescence analysis for the analysis of elements close neighboured in the periodic table requires an excellent energetic resolution of the used spectrometer. In this work results of investigations for the analysis of Bromine in the case of simultaneous presence of Rubidium are shown. Semiconductor detectors, proportional counters, and scintillation counters are used. In the case of proportional and scintillation counter spectrometers filters are additionally applied. The concentration limits that can be reached are in the order of 10 up to 100 mg Br/l. The influence of matrix is investigated and a simple method for matrix correction is discussed.

B. Machaj, Z. Paryski

Determination of Oleum Concentration by Slowing Down of Fast Neutrons (*in English*)

Isotopenpraxis **15** (1979) No. 2/3, p. 56 to 59
4 Fig., 3 Tab., 6 Ref.

Hydrogen weight content of oleum, which is the mixture of $H_2SO_4 + SO_3$, is correlated with oleum concentration in a precisely described manner. Employing this correlation, concentration of oleum can be determined by measuring hydrogen content of oleum, by slowing down of fast neutrons. Investigations of prototype measuring head for measurement of oleum concentration, based on fast neutron slowing down principle, have been carried out. They indicate that achievable accuracy is 0·16 % – 0·53 % of SO_3 content within measuring range 25 % – 65 % of oleum concentration.

R. J. Drašković, N. M. Vanlić-Razumenić, N. D. Paunković

Production of Chlormerodrin-^{203}Hg at the Boris Kidrič Institute Part II. Determination of Doses of Mercury as a Toxic Element, Introduced in Human Organism During Renal Scintigraphy (*in English*)

Isotopenpraxis **15** (1979) No. 2/3, p. 60 to 61
– Fig., 1 Tab., 11 Ref.

By radioactivation analysis, we have determined mercury concentrations applied to the organism through i.v. injection of chlormerodrin-^{203}Hg during the scintigraphic examination of kidneys. These concentrations vary in the range of 0·12 to 0·31 mg for one series of six production batches.

On the basis of these results we have found the administered quantities of mercury to be approximately 32 – 77 times lower than permitted usual daily doses; the doses are even considerably lower when Na-DMS is applied for the elimination of Hg from the kidneys.

H. Lippold, W. Ackermann, W. Teske

Examples of the Application of ^{15}N Tracer Technique in Fertilization Research through Emission-Spectrometric Analysis

Isotopenpraxis **15** (1979) No. 2/3, p. 62 to 65
2 Fig., 2 Tab., 9 Ref.

Versions of assay chemistry for ^{15}N balance experiments in fertilization research, which are based on the performance of both Isonitromat-5200 and NOI-5, are presented. The methods outlined comprise the distillative preparation of labelled qunatities of nitrogen (0·1 – 1 mg) from soil

Описывается основанный на разбавлении стабильных изотопов метод анализа с использованием искроворазрядного ионного источника и масс-спектрографа двойной фокусировки, который позволяет выполнить одновременный анализ некоторых элементов порошкообразного твердого вещества.

Показывается эффективность данного метода анализа на примере выполненного методом меченых атомов анализа геологических стандартных образцов. Рассматриваемый метод анализа позволяет определить концентрации следов вплоть до области ppb с стандартными отклонениями от 2 до 10 %.

М. Шикель, К. Ирмер, Т. Чехак, Й. Шеда

Количественный анализ элемента брома в водных растворах, которые содержат рубидий, с помощью бескристального рентгено — флюоресцентного анализа

Isotopenpraxis **15** (1979) вып. 213, стр. 52 до 56
7 рис., 3 табл., 4 лит.

Использование рентгено – флюоресцентного анализа для обнаружения элементов, которые относительно близко соседни в периодической системе элементов, требует хорошего энергетического разрешения применяемого спектрометра. В работе представляются результаты исследовании определения брома при одновременном присутствии элемента рубидий. Различные спектрометры применены. В качестве детекторов полупроводниковые детекторы, пропорци ональные счетчики и сцинтилляционные детекторы использованы. При спектрометрах с пропорциональными счетчиками и сцинтилляционными детекторами употребляются добавочно фильтры.

Достигнуты пределы концентрации, которые в диапазоне от 10 до 100 *мг* Br/l. Влияние состава проб исследуется и представляется простой метод для исправления этого влияния.

Б. Махай, З. Парыский

Измерение концентрации олеума методом замедления быстрых нейтронов (*на англ. языке*)

Isotopenpraxis **15** (1979) вып. 213, стр. 56 до 59
4 рис., 3 табл., 6 лит.

Весовое отношение водорода в олеуме, которое является смесью $H_2SO_4 + SO_3$ есть связано с концентрацией олеума, точно определенным способом. Используя эту зависимость можно измерить концентрацию олеума через измерение концентрации водорода, методом замедления быстрых нейтронов. Исследования были сделаны при помощи экспериментальной измерительной головки в трансмиссионной геометрии, использовающей принцип замедления быстрых нейтронов. Эти измерения показывают что можно получить точность измерения 0,16 % – 0,53 % концентрации SO_3 в измерительном диапазоне 25 % до 65 % концентрации олеума.

Р. И. Драшкович, Н. М. Ванлич-Разуменич, Н. Д. Паункович

Производство ^{203}Hg-хлормеродрина в Институте им. ,,Бориса Кидрича'' Часть II. Определение доз ртути в качестве введенного в связи с сцинтиграфией почек в человеческий организм токсического элемента (*на англ. языке*)

Isotopenpraxis **15** (1979) вып. 213, стр. 60 до 61
– рис., 1 табл., 11 лит.

С помощью активационного анализа были определены введенные в человеческий организм путем инжекции in vitro ^{203}Hg-хлормеродрина в связи с сцинтиграфическим осмотром почек концентрации ртути. В серии, состоящей из шести произведенных партий, данные концентрации находились в пределах от 0,12 до 0,31 *мг*. На данных результатах было установлено, что введенные количества ртути в 32 – 77 раз ниже допустимых суточных доз. Дозы даже существенно ниже, когда для устранения ртути из почек используется димеркаптосукцинат натрия.

Х. Липпольд, В. Аккерманн, В. Теске

Примеры применения методов радиоактивных индикаторов на ^{15}N в исследованиях по удобрению, основанных на использовании эмиссионно-спектрометрических методов анализа

Isotopenpraxis **15** (1979) вып. 213, стр. 62 до 65
2 рис., 2 табл., 9 лит.

Представляются варианты пробной химии для балансовых экспериментов, выполняемых в исследованиях по удобрению, которые основаны на характеристиках Изонитромата-5200 и НОИ-5. Приведенные методы охватывают дистиллятивную препарацию меченых количеств

extracts titrated with quantities of unlabelled nitrogen, as well as the ^{15}N dilution analysis for nitrogen determination in non-enriched plant digestions by means of the Isonitromat-5200 for routine work.
Furthermore, simple apparative versions of determination of so-called gaseous fertilizer nitrogen losses through denitrification performed in gas-tight chambers are presented. ^{15}N analyses of air samples above natural soil monolites enriched with ^{15}N performed by means of the NIO-5 render possible direct determination of the quantities of N_2 and of N_2O released from the fertilizer. In special experiments carried out in a neon (He) atmosphere free from nitrogen, individual measurement of N_2, NO, and N_2O traces (about 1 vol. %) can be performed using the NOI-5 after gas-chromatographic separation (on Poropak-Q). Using CO_2 as a carrier gas, the nitrogen components are isolated in an azotometer to be transferred to discharge tubes through a batching cock, which provides the required gas pressure.

M. Králová, F. Kysela, O. Šorejs

High Sensitive Devices for Radioisotope-Determination in Plant — Soil Materials (*in English*)

Isotopenpraxis **15** (1979) No. 2/3, p. 66 to 69
5 Fig., 2 Tab., — Ref.

The Institute of Experimental Botany of the Czechoslovak Academy of Sciences in Prague has been the methodic centre for isotopic applications to plant — soil material and their utilization for agricultural purposes. The highly sensitive devices were developed partly on the basis of commercial apparatures, partly they were constructed in the workshop of the Institute. With these devices compounds labelled with ^{14}C, ^{35}S, ^{3}H, ^{32}P and double labelled compounds have been measured.

From Practice

W. Birkigt, E. Mueller, F. Nitsche

On the Introduction of New,, Regulation on the Transportation of Radioactive Material — ATRS"

Isotopenpraxis **15** (1979) No. 2/3, p. 70 to 73
— Fig., — Tab., 7 Ref.

New Books

Isotopenpraxis **15** (1979) No. 2/3, p. 74 to 76

Information

Isotopenpraxis **15** (1979) No. 2/3, p. 76

азота (0,1 — 1 *мг*) из почвенных экстрактов, связанную с присадкой немеченых количеств азота при титрировании, а также определение азота Изонитроматом-5200 в необогащенных разложениях растений для текущей работы в качестве анализа методом разбавления по ^{15}N. Дальше приводятся простые аппаративные варианты определения так называемых газообразных потерь азота удобрения путем денитрификации в газонепроницаемых камерах.
Выполняемые при помощи НОИ-5 анализы на ^{15}N воздушных проб над обогащенными ^{15}N естественными почвенными монолитами позволяют непосредственно определить высвобожденные из удобрения количества N_2 и N_2O. В специальных экспериментах при помощи НОИ-5 в свободном от азота атмосфере неона или гелия после газохроматографического разделения могут отдельно определиться образовавшиеся следы N_2, NO и N_2O (на Порапак-Q). С использованием CO_2 в качестве несущего газа компоненты азота изолируются в азотометре, а с помощью дозировочного крана, емкость которого обеспечивает требуемое давление газа, они переводятся в разрядные трубки.

М. Кралова, Ф. Кисела, О. Шорейс

Высокочуствительные приборы для определения радиоизотопов в растиельном и почвенном материалах (*на англ. языке*)

Isotopenpraxis **15** (1979) вып. 213, стр. 66 до 69
5 рис., 2 табл., — лит.

Институт экспериментальной ботаники в Праге стал методическим центром применения изотопов в почвенном и растительном материале а также использования этих реэультатов в сельском хозяйстве. Высокочуствительные приборы были разработаны отчасти модификацией фабричных приборов находящихся в отделе, отчасти вновь сконструированы. Эти приборы были использованы для измерения радиоизотопов ^{14}C, ^{32}P, ^{3}H, ^{35}S в соединениях меченых один раз или вдвойне.

Из практики

В. Биркигт, Е. Мюллер, Ф. Ниче

О внедрении нового ,,Постановления по Транспортировкие радиоктивных веществ — АТРС"

Isotopenpraxis **15** (1979) вып. 213, стр. 70 до 73
— рис., — табл., 7 лит.

Новая литература

Isotopenpraxis **15** (1979) вып. 213, стр. 74 до 76

Новости

Isotopenpraxis **15** (1979) вып. 2/3, стр. 76

(Fortsetzung des Inhaltsverzeichnisses)

Auf der Grundlage dieser Ergebnisse wurde festgestellt, daß die applizierten Quecksilbermengen etwa um das 32 — 77fache niedriger waren als die zulässigen Tagesdosen. Die Dosen liegen sogar noch wesentlich niedriger, wenn Natriumdimerkaptosukzinat zur Beseitigung des Hg aus den Nieren verwendet wird.

H. Lippold, W. Ackermann, W. Teske

Beispiele für die Anwendung der ^{15}N-Tracertechnik in der Düngungsforschung mit emissionsspektrometrischen Analysenverfahren (NOI-5; Isonitromat-5200)

Isotopenpraxis **15** (1979) H. 2/3, S. 62 bis 65
2 Abb., 2 Tab., 9 Lit.

Es werden Varianten der Probenchemie für ^{15}N-Bilanzexperimente in der Düngungsforschung vorgestellt, die den Erfordernissen des Isonitromat-5200 und des NOI-5 angepaßt sind. Die skizzierten Methoden umfassen die destillative Präparation markierter N-Mengen (0,1 — 1 mg) aus Bodenextrakten, verbunden mit einem Zusatz unmarkierter N-Mengen bei der Titration, sowie eine für den Routinebetrieb geeignete N-Bestimmung in nicht angereicherten Pflanzenaufschlüssen mit dem Isonitromat-5200 als ^{15}N-Verdünnungsanalyse. Weiterhin werden einfache apparative Varianten zur Bestimmung von sog. gasförmigen Düngerstickstoffverlusten durch Denitrifizierung in gasdichten Kammern dargestellt.
Durch ^{15}N-Analyse von Luftproben über ^{15}N-angereicherten natürlichen Bodenmonolithen mit dem NOI-5 können unmittelbar die vom Dünger freigesetzten N_2- und N_2O-Mengen bestimmt werden. Bei Spezialversuchen in stickstofffreier Neon(He)-Atmosphäre können gebildete N_2-, NO- und N_2O-Spuren (um 1 Vol. %) nach gaschromatographischer Trennung (auf Porapak Q) individuell am NOI-5 gemessen werden. Unter Verwendung von CO_2-Trägergas werden die N-Komponenten in einem Azotometer isoliert und mit Hilfe eines Dosierhahnes, dessen Volumen den geforderten Gasdruck garantiert, in Entladungsrohre übergeführt.

M. Králová, F. Kysela, O. Šorejs

Hochempfindliche Geräte zur Radioisotopenbestimmung in Pflanzen- und Bodenmaterial (*in Englisch*)

Isotopenpraxis **15** (1979) H. 2/3, S. 66 bis 69
5 Abb., 2 Tab., — Lit.

Das Institut für Experimentalbotanik war als methodisches Zentrum für die Anwendung und Messung radioaktiver und stabiler Isotope bei Pflanzen- und Bodenmaterial geschaffen worden; es dient sowohl der Entwicklung neuer Methoden und Geräte zur Anwendung radioaktiver Isotope als auch zur Bearbeitung spezieller Probleme bei der Ausnutzung dieser Resultate in der Landwirtschaft. Hochempfindliche Geräte wurden teils angeschafft und adaptiert, und teils wurden sie in unserer Abteilung neu konstruiert. Resultate der geeigneten Methoden und Geräte bei der Messung der Radioisotope ^{3}H, ^{14}C, ^{35}S und ^{32}P sind für ein- und zweifach markierte Testmaterialien angegeben.

Aus der Praxis

W. Birkigt, E. Müller, F. Nitsche

Zur Einführung der neuen ,,Anordnung über den Transport radioaktiver Stoffe — ATRS"

Isotopenpraxis **15** (1979) H. 2/3, S. 70 bis 73
— Abb., — Tab., 7 Lit.

Buchbesprechungen

Isotopenpraxis **15** (1979) H. 2/3, S. 74 bis 76

Informationen

Isotopenpraxis **15** (1979) H. 2/3, S. 76

FSC
www.fsc.org
MIX
Papier | Fördert gute Waldnutzung
FSC® C083411

Zeitfracht Medien GmbH
Ferdinand-Jühlke-Straße 7
99095 Erfurt, Deutschland
produktsicherheit@kolibri360.de